环保科普丛书

“十三五”国家重点图书出版规划项目

臭氧污染防治知识问答

CHOUYANG WURAN FANG
ZHISHI WENDA

生态环境部科技与财务司
中国环境科学学会 主编

中国环境出版集团·北京

图书在版编目（CIP）数据

臭氧污染防治知识问答 / 生态环境部科技与财务司，中国环境科学学会主编 . -- 北京：中国环境出版集团，2021.11
（环保科普丛书）
ISBN 978-7-5111-4886-5

Ⅰ . ①臭… Ⅱ . ①生… ②中… Ⅲ . ①臭氧－空气污染－污染防治－问题解答 Ⅳ . ① X511-44

中国版本图书馆 CIP 数据核字 (2021) 第 190284 号

出 版 人　武德凯
责任编辑　董蓓蓓
责任校对　任　丽
装帧设计　宋　瑞

出版发行　中国环境出版集团
（100062 北京市东城区广渠门内大街 16 号）
网　　址：http://www.cesp.com.cn
电子邮箱：bjgl@cesp.com.cn
联系电话：010-67112765（编辑管理部）
发行热线：010-67125803，010-67113405（传真）
印　　刷　北京中科印刷有限公司
经　　销　各地新华书店
版　　次　2021 年 11 月第 1 版
印　　次　2021 年 11 月第 1 次印刷
开　　本　880×1230　1/32
印　　张　3.75
字　　数　80 千字
定　　价　25.00 元

《环保科普丛书》编著委员会

《臭氧污染防治知识问答》编委会

科学顾问： 张远航

主　　编： 李　红　王明慧

副主编： 李　杰　杨　勇

编　　委：（按姓氏拼音排序）

陈　胜　陈永梅　高　锐　郭　晴　胡建林
胡京南　卢佳新　李　红　李　杰　李俊玲
李　歆　刘海波　刘怡芊　唐　晓　王明慧
王　磊　王淑兰　吴丰成　杨　勇　袁自冰
张海杰　赵恺辉　郑君瑜

编写单位： 中国环境科学学会
中国环境科学学会臭氧污染控制专业委员会
中国环境科学研究院
华南理工大学
中国科学院大气物理研究所
南京信息工程大学
暨南大学
北京大学

绘图单位： 北京点升软件有限公司

《环保科普丛书》序

我国正处于工业化中后期和城镇化加速发展的阶段，结构型、复合型、压缩型污染逐渐显现，发展中不平衡、不协调、不可持续的问题依然突出，环境保护面临诸多严峻挑战。环保是发展问题，也是重大的民生问题。喝上干净的水，呼吸上新鲜的空气，吃上放心的食品，在优美宜居的环境中生产生活，已成为人民群众享受社会发展和环境民生的基本要求。由于公众获取环保知识的渠道相对匮乏，加之片面性知识和观点的传播，导致一些重大环境问题出现时，往往伴随着公众对事实真相的疑惑甚至误解，引起了不必要的社会矛盾。这既反映出公众环保意识的提高，同时也对我国环保科普工作提出了更高要求。

当前，是我国深入贯彻落实科学发展观、全面建成小康社会、加快经济发展方式转变、解决突出资源环境问题的重要战略机遇期。大力加强环保科普工作，提升公众科学素质，营造有利于环境保护的人文环境，增强公众获取和运用环境科技知识的能力，把保护环境的意识转化为自觉行动，是环境保护优化经济发展的必然要求，对于推进生态文明建设，积极探索环保新道路，实现环境保护目标具有重要意义。

国务院《全民科学素质行动计划纲要》明确提出要大力提升公众的科学素质，为保障和改善民生、促进经济长期平稳快速发展和社会和谐提供重要基础支撑，其中在实施科普资源开发与共享工程方面，要求我们要繁荣科普创作，推出更多思想性、群众性、艺术性、观赏性相统一，人民群众喜闻乐见的优秀科普作品。

环境保护部科技标准司组织编撰的《环保科普丛书》正是基于这样的时机和需求推出的。丛书覆盖了同人民群众生活与健康息息相关的水、气、声、固废、辐射等环境保护重点领域，以通俗易懂的语言，配以大量故事化、生活化的插图，使整套丛书集科学性、通俗性、趣味性、艺术性于一体，准确生动、深入浅出地向公众传播环保科普知识，可提高公众的环保意识和科学素质水平，激发公众参与环境保护的热情。

我们一直强调科技工作包括创新科学技术和普及科学技术这两个相辅相成的重要方面，科技成果只有为全社会所掌握、所应用，才能发挥出推动社会发展进步的最大力量和最大效用。我们一直呼吁广大科技工作者大力普及科学技术知识，积极为提高全民科学素质作出贡献。现在，我们欣喜地看到，广大科技工作者正积极投身到环保科普创作工作中来，以严谨的精神和积极的态度开展科普创作，打造精品环保科普系列图书。衷心希望我国的环保科普创作不断取得更大成绩。

丛书编委会

二〇一二年七月

前言

2020年是蓝天保卫战三年行动计划收官之年。近年来，我国蓝天保卫战取得显著成效，但在$PM_{2.5}$平均浓度大幅下降的同时，我国重点地区臭氧（O_3）污染问题逐步显现。从全国范围来看，夏季臭氧污染已成为打赢“蓝天保卫战”的重要制约因素。加强臭氧污染防治，落实精准治污、科学治污、依法治污的要求，了解和研究臭氧污染特征与影响、区域性传输特征、污染形成机理、污染治理、联防联控等问题，对做好$PM_{2.5}$和臭氧污染协同防治具有非常重要的意义。

在生态环境部科技与财务司的指导下，中国环境科学学会组织中国环境科学研究院、中国科学院大气物理研究所、华南理工大学、南京信息工程大学等单位，编写了《臭氧污染防治知识问答》科普图书。本书涵盖了臭氧污染相关基础知识、来源与成因、环境影响与危害、监测与预报、控制与治理等方面内容，通过通俗易懂的语言向公众介绍臭氧相关科学知识，以期帮助公众提高自我防护能力和参与臭氧治理的主动性。

本书编写过程中，得到了国内多位专家的支持和指导，在此谨向付出艰辛劳动的各位专家表示衷心感谢。

由于时间仓促，书中难免有不当之处，敬请各位读者谅解和批评指正。

编者

二〇二一年四月

目录

第一部分 臭氧的基本知识 1

第一部分
臭氧的基本知识

1. 什么是臭氧？有颜色和气味吗？

臭氧（O_3）是天然大气的重要微量组分，分子量为47.998 28。大气中的氧分子受太阳辐射分解成氧原子后，氧原子又与周边氧分子结合，形成臭氧，因此，臭氧含有3个氧原子，是氧气的一种同素异形体。常温下，它是一种有特殊臭味的蓝色气体。

空气中的臭氧质量浓度达到0.02 ppm（约40 μg/m³）时，嗅觉灵敏的人便可察觉，此质量浓度称为感觉临界值；臭氧质量浓度达到0.15 ppm（约300 μg/m³）时，一般人即可嗅出，此质量浓度称为嗅觉临界值。

2. 臭氧在大气中是怎样分布的？

臭氧普遍存在于从地面到50 km的地球大气中，其中大部分集中在距离地面10～30 km的平流层中，仅有10%左右存在于距离地面较近的对流层中。

3. 对流层臭氧和平流层臭氧有何不同?

平流层臭氧能够强烈地吸收太阳紫外辐射，像一道天然屏障保护着地球生物圈，使动植物免受危害，因此被称为“地球的保护伞”，也被称为“好臭氧”，需要加以保护。但是在对流层，臭氧是一种污染气体，也是重要的温室气体。对流层臭氧不仅能吸收地气系统的长波辐射而加热大气，还可以参与大气光化学反应，进而改变其他温室气体的含量和分布，影响地气系统的辐射平衡。高浓度的地面臭氧将引发城市光化学烟雾、影响人类健康、严重危害生态环境。因此对流层臭氧被称为“坏臭氧”，需要降低其浓度。目前针对臭氧污染的研究主要集中在对流层臭氧。

4. 光化学烟雾和臭氧有什么关系？

光化学烟雾首次出现于20世纪40年代的美国洛杉矶地区，当时认为其是汽车、工厂等污染源排入大气的碳氢化合物和氮氧化物（NO_x）等一次污染物在紫外线作用下发生光化学反应生成二次污染物，随后与一次污染物混合所形成的有害浅蓝色烟雾。这种烟雾具有强氧化性，能伤害植物叶片，刺激人的眼睛和呼吸道黏膜，使人眼睛发红、咽喉疼痛、憋闷、头昏、头痛。

近地面臭氧是“光化学烟雾”的标志性污染物。国内外监测数据显示，光化学烟雾期间，近地面臭氧浓度可达到环境标准的10倍以上。但光化学烟雾污染物并不局限于臭氧，它是一种气态和颗粒态污染物、一次（直接排放）和二次（化学转化）污染物的混合物。

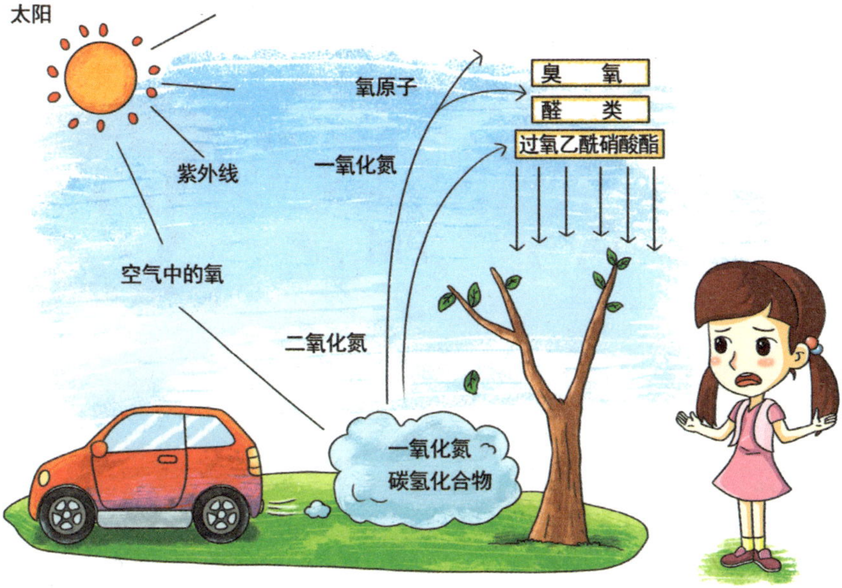

5. 臭氧污染与 $PM_{2.5}$ 有什么不同？

从直观角度看，臭氧是一种气态污染物，而细颗粒物（$PM_{2.5}$）是一种颗粒态污染物。

从来源上看，环境空气中的臭氧主要由大气光化学反应二次生成，臭氧污染是人为源排放的臭氧前体物参与对流层大气光化学反应而造成的臭氧浓度增高的现象。$PM_{2.5}$ 由大气环境中污染源直接排放产生（一次污染物），也由人为活动或天然过程排放的反应性气体在大气中反应生成（二次污染物）。由于臭氧是光化学反应的产物，因此，臭氧污染一般发生在白天，浓度有明显的昼夜变化，而 $PM_{2.5}$ 污染经常会出现夜间污染更严重的现象。

6. 白天和晚上近地面臭氧浓度一样吗？日变化规律是什么？

不一样。近地面臭氧白天和晚上的分布特征随着大气环境污染程度和季节等因素变化。通常情况下，臭氧具有比较明显的日变化规律。臭氧的浓度在清晨时较低，随着 NO_x 和挥发性有机污染物（VOCs）等臭氧前体物的逐渐累积，在日照（太阳辐射）条件下，臭氧浓度逐渐升高，在 14:00—17:00 达到高值，之后再缓慢降低，到傍晚太阳辐射减弱之后，臭氧浓度又恢复到较低的状态，夜间臭氧受一氧化氮（NO）滴定作用影响，浓度降到最低。当出现少风、湿度低、光照强的天气时，臭氧浓度在午后较高，人们应尽量避免在午后到户外活动。但是在一些清洁地区（如森林、海洋等），生成臭氧的前体物浓度较低，臭氧的日变化规律并不明显。

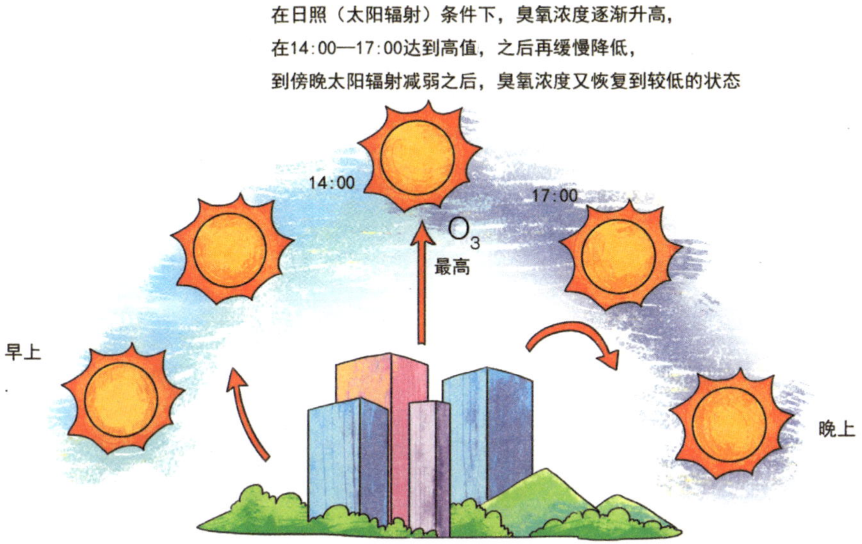

7. 晴朗的好天气是不是就没有臭氧污染呢？

并不是。臭氧污染常常与好天气做伴，这个污染物总是隐藏至深，是蓝天下暗藏着的“隐形破坏者”。臭氧污染的形成有两名“帮凶”：NO_x 和烯烃、芳香烃等 VOCs。

臭氧污染实际上是一种光化学污染，它不是直接排放出来的，而是由 NO_x 和 VOCs 在高温、强光照的天气背景下产生的，属于大气二次污染物。臭氧污染的产生与气象条件密切相关，高温、强辐射（少云）、低湿和少风的气象条件更有助于臭氧污染的形成，导致臭氧污染一般发生在晴朗少云的春末及夏秋季节。因此，并不是晴朗的好天气就没有臭氧污染，相反越是天空晴朗、万里无云的时候，紫外线辐射强度越高，光化学反应速率越快，越易形成臭氧污染。

8. 降水能去除臭氧吗？

臭氧本身仅很少部分溶解在降水中，因此云下臭氧浓度被降水清除作用不明显，而臭氧的若干前体物（如一些含氧有机化合物等）可以被降水清除，这样间接降低了臭氧产生的可能。同时，降水天气往往伴随多云和近地面的太阳辐射降低，造成近地面臭氧生成速率降低，这也是降水清除臭氧的间接渠道。但需要指出的是，夏季雷雨天气产生的电荷可以使氮气和氧气分解到原子状态，有利于臭氧的形成，有监测数据显示，雷雨后会出现臭氧浓度升高的现象。

9. 植树能去除臭氧吗？

植树能去除臭氧吗？植树造林对环境空气臭氧具有正反两方面的作用：有清除作用也有促进作用。一方面，植物叶片可以吸收、吸附臭氧，同时植物可以增加地面的粗糙度，增加臭氧向地面沉降的速率，降低近地面臭氧浓度。另一方面，一些树种（如杨树、柳树和栎树等）为了驱除害虫、吸引传粉昆虫，会释放挥发性有机物，这些挥发性有机物是生成臭氧的前体物，能够参与并促进臭氧的生成，增加近地面臭氧浓度。

10. 环境空气中的臭氧会通过哪些方式从空气中消除？

环境空气中臭氧的主要消除途径包括光解，在植被、土壤、雪和海洋表面上发生化学反应以及湿清除。臭氧分子本身不稳定，很容易分解，而且温度越高分解速度越快，在没有新生成的情况下，空气中的臭氧分子在常温下一般 30 min 即可大部分还原成氧气，这就是

日落后臭氧浓度快速下降的主要原因。臭氧作为强氧化剂可以与许多大气成分发生反应，例如，机动车排放的NO可以与臭氧发生反应（$NO + O_3 \longrightarrow NO_2 + O_2$），这也是城市地区臭氧浓度在傍晚开始快速下降的一个因素。湿清除即降水对臭氧的清除作用，主要体现在大气水滴形成降水的同时将吸收的臭氧带到地面的清除过程。

11. 室内臭氧浓度与室外一样吗？

国内外研究表明，室内没有产生臭氧的污染源时，室内臭氧浓度通常比室外低。在室内密闭性良好的情况下，臭氧浓度会低于室外 70% ～ 80%，并且极大值出现的时间较室外会滞后 1 ～ 2 h。室内各个表面上发生的还原反应是导致室内外浓度差异的最重要原因，这些表面包括天花板、地板、四壁和家具表面等。一般来讲，墙纸、地毯和灰浆的臭氧去除率较高，纤维织物、橡胶和塑料的臭氧去除率高于金属和玻璃。需要指出的是，一些设备如电离式空气净化器、负离子发生器等空气净化设备以及复印机等办公设备会直接排放臭氧，应尽量避免在密闭房间长期使用。

12. 为什么室内的臭氧浓度和室外的臭氧浓度有很大差异？

近地层臭氧主要通过光化学反应生成。由于室外阳光充足，NO_x 和 VOCs 等臭氧前体物室外浓度较室内高，因此易生成臭氧。相反，由于室内光照较弱，发生光化学反应的能量不足，不易通过光化学反应产生臭氧，故室内外臭氧浓度差异较大。

由于大部分的室内臭氧来源于室外，因此降低室外臭氧浓度非常重要。

13. 空气净化器的净化对象包括臭氧吗？

市面上空气净化器净化的对象主要是 $PM_{2.5}$、粉尘、花粉、异味、甲醛之类的污染，并可对细菌、过敏原等进行吸附、分解或转化。室内空气中臭氧来源主要有室外空气传播和室内电器产生两种途径。由于臭氧本身活性较高，不稳定，在自然温度下较易反应，一般在室内衰减较快。此外，人们日常工作和生活的空间，极少有产生高浓度臭氧的条件。但如果在有大量复印机的室内工作，则保持良好的通风条件即可避免所产生的微量臭氧在室内累积。因此臭氧并不包含在空气净化器的净化对象之内。

14. 如何降低近地面环境空气中的臭氧浓度？

虽然近地面臭氧可来自自然源（如平流层向下输送，沼泽或湿地释放的甲烷与来源于闪电、土壤释放的 NO_x 的光化学反应），但是在城市地区，来自人类活动（如汽车、化石燃料和石油化工等）排放的 NO_x 和 VOCs 才是近地面臭氧最重要的来源。因此，从长期来看，

持续推进 NO_x 和 VOCs 的减排才是降低近地面臭氧的主要途径。另外，短期来看，臭氧浓度可能还会受天气等因素影响出现较大波动。

15. 欧美国家臭氧污染情况怎么样？

欧美等发达国家曾饱受臭氧污染问题的困扰。20 世纪 40 年代，美国洛杉矶首先认识到臭氧污染问题，并率先开展了臭氧污染防治的科研与实践。在实施了一系列控制措施之后，美国臭氧浓度平均水平（各站点臭氧浓度年评价值的平均值）自 1980 年起呈现下降趋势，20 世纪 90 年代经历了一段时期的稳定后，于 2002 年后再次明显下降；1980—2018 年，美国臭氧浓度平均水平下降了 31%（美国国家环境保护局网站 https://www.epa.gov/air-trends/ozone-trends）。2019 年，美国大部分站点臭氧浓度低于国家标准限值，但仍有 14.6% 的站点超标，主要集中在美国西海岸地区，东北部地区，五大湖南侧以及工业发达、人口密集的城市群，这些区域具有人口密集、石油和化工行业发达等特征。

欧洲的臭氧污染防治历程始于 20 世纪 70 年代。1979 年，34 个欧共体成员国签订了《远距离越境空气污染公约》（LRTAP），联合开展前体物减排。欧洲臭氧浓度年评价值（日最大 8 h 滑动平均的第 93.15 百分位数）和超标天数在 1980—2019 年均呈波动下降趋势。该现象表明，臭氧浓度的峰值呈下降趋势，臭氧的生成逐渐减少。根据 2016 年欧洲空气质量报告，1990—2012 年欧洲郊区站点的臭氧日最大 8 h 滑动平均的第四大值呈下降趋势，且在 2002—2012 年其相对下降趋势更明显。

由于臭氧污染还受到气象条件和传输等影响，其治理具有复杂性、长期性和反复性，目前臭氧污染防治仍然是欧美空气质量管理的重点之一。

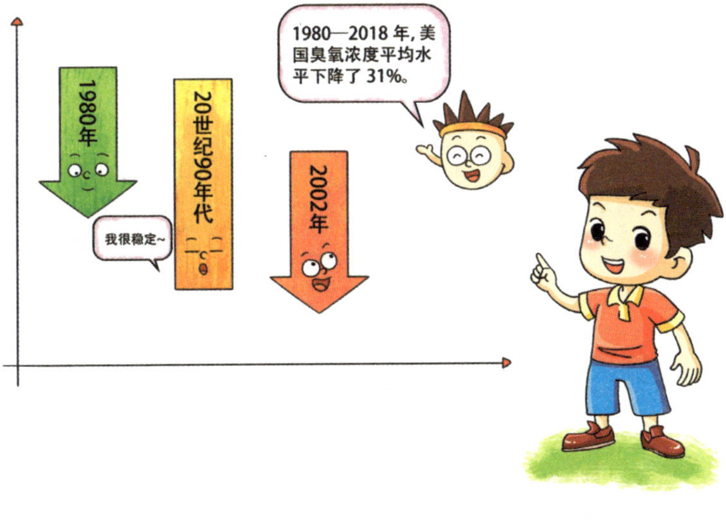

16. 臭氧在人类生产生活中有哪些应用呢？

臭氧具有强氧化性，因此在人类生产生活中具有广泛的应用，如在农业、餐饮业、医学等方面。臭氧发生器可将空气中的氧气在电离作用下转化为臭氧，将其应用于对蔬菜病虫害的防治具有较好的效果，臭氧还可以起到使农作物提质增产的作用。臭氧在餐饮业中的应用也很普遍，可以降解果蔬农药残留及肉制品中含有的有害激素，避免食物中毒现象的发生。果蔬餐具消毒机就是利用臭氧的特性与性能而开发研制的一种设备，此设备能快速杀菌、消毒、除臭，保证饭菜的食用安全。臭氧也可用于医疗保健领域，利用臭氧的强氧化性可以杀灭多数疾病的致病菌。臭氧也广泛应用于工业制造，作为氧化剂、催化剂和精制剂应用于化工、石油、造纸、纺织、制药和香精香料工业；在纸浆和造纸工业中，臭氧可用于化学浆液漂白或机械浆液机械特性的改善，可以减少纸浆漂白过程中氯对环境的污染。此外，臭氧也可应用于城乡生活污水与工业废水的处理，利用其强氧化性，去除污水和废水中的有毒有害物质。

17. 臭氧污染严重的城市会影响附近的城市吗？

大气是一直在流动的，当空气运动较弱时，大气在局地产生滞留，导致大气污染物集聚，污染物浓度增加。当污染气团产生后，高浓度的污染物会随着大气流动到其他城市或地区，对流动过程经过的城市或地区造成影响。

臭氧污染气团在传输的过程中，浓度会逐渐降低，也可能会与其他气团合并使其浓度进一步升高，条件适合的情况下也会形成新的污染物。而当遇到强风、降雨等清除作用时会被消除。

18. 阴天或下雨天会有臭氧污染吗？

环境空气中的臭氧主要来自太阳光照射条件下的光化学反应，因此臭氧浓度的高低与阳光照射有直接关系。阴天时，太阳光照射强度下降，一般来说不利于臭氧的生成。但与臭氧生成直接相关的是紫外辐射强度，云层厚度的不同对紫外辐射强度的影响也不同，因此在阴天时也会有高浓度的臭氧。下雨天时，没有了阳光的照射，失去了臭氧生成的必要条件，不会产生臭氧，同时由于雨水的湿清除作用，空气中的臭氧也会被雨水冲刷，因此下雨天一般不会有臭氧污染。但夏季某些时候，雨停后由于空气中的颗粒物大大降低，太阳辐射变强，雨后臭氧浓度有可能快速上升。

19. 高空中的臭氧会影响近地面臭氧浓度吗？

高空中的臭氧会影响近地面臭氧浓度，主要有以下两个方面：

（1）高空中的臭氧是“地球卫士”，其减少会引起臭氧空洞，进而造成太阳紫外线对地面辐射的增强。紫外辐射的增强，会加速近地面的光化学反应。近地面臭氧的前体物 VOCs 和 NO_x 之间的光化学反应会更加强烈，生成更多的臭氧，进而影响近地面臭氧浓度。

（2）高空中的臭氧在一定大气条件下及一定地点会通过平流层-对流层交换过程向下输送进入近地面，导致局部地区臭氧浓度升高进而影响近地面臭氧浓度。

20. 臭氧污染天通常会持续多长时间呢？

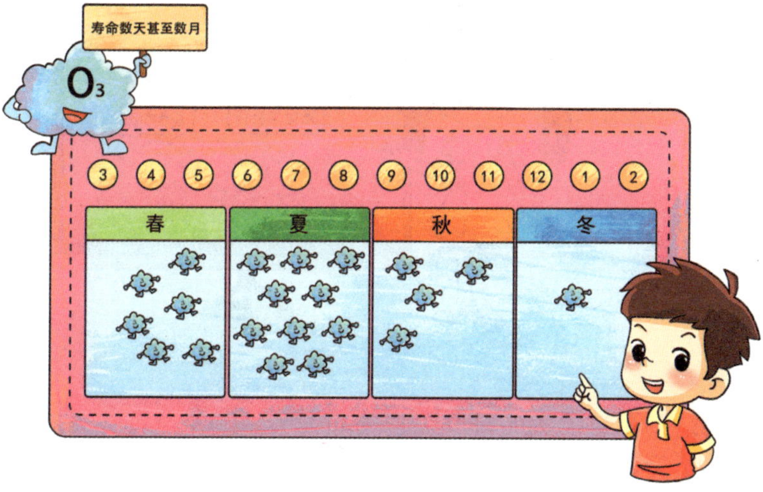

臭氧在大气中的寿命比较长，一般会持续数天甚至数月。近地面的臭氧生成除与相关前体物（VOCs 和 NO_x）浓度有关外，还会受到气象要素、地理环境等因素的影响。通常将 O_3 日最大 8 小时平均

浓度值 >160 μg/m^3（环境空气质量二级标准）定义为臭氧污染日，连续 3 天及以上出现臭氧污染日的过程称为臭氧污染过程。

在我国北方夏季高温天气条件下，臭氧污染发生频次较高，持续时间因气象条件而异，一般为三天至十几天；北方冬季的天气条件（温度低、太阳辐射弱）不利于臭氧的生成，因此臭氧污染发生频次较低。

21. 没有人为源排放的情况下会有臭氧污染吗？

对流层臭氧的来源包含天然源和人为源。在没有人为源排放的情况下也会有臭氧污染的发生。目前认为最主要的天然源有两个：平流层输入和光化学反应生成。

平流层臭氧在特定大气条件和特定的地点（对流层顶折叠，即某一地点周期性地出现短暂的温度连续性“破坏”，导致平流层挟带臭氧的空气进入对流层）可以进入对流层，并随着大气流动到达近地面，导致局地臭氧浓度升高。该种情况往往是臭氧浓度突然升高，峰值出现的时间与光化学反应最强的时间不一定相符。

另外自然界的光化学反应过程是对流层臭氧的重要来源。自然界中植物排放的萜烯类 VOCs 和自然界中排放的 NO_x（闪电、土壤释放等）经过光化学反应可产生臭氧。

22. 地形地貌对臭氧污染会有什么影响吗？

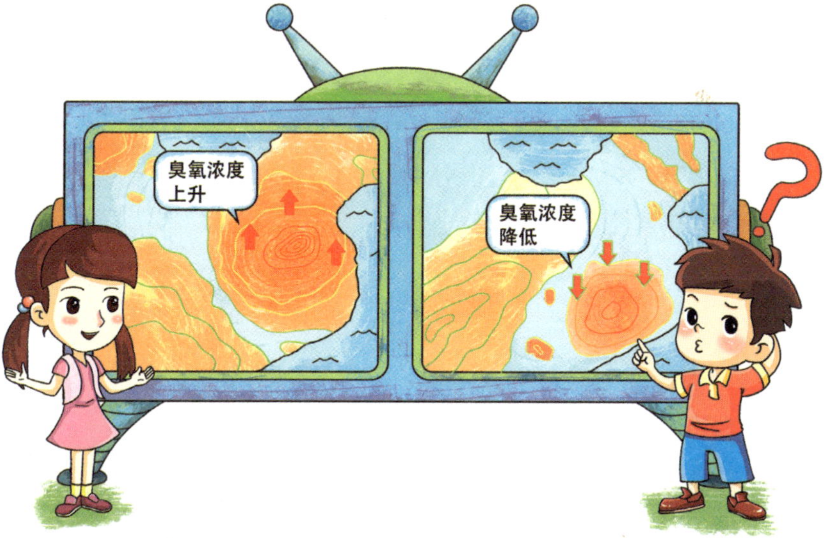

地形地貌对臭氧污染的空间分布有着很大的影响。有研究表明较高的地形地貌会增加迎风面大气的稳定性，同时还会导致相对强烈的下坡风，此种地形地貌可能造成迎风面臭氧的累积，进而使其浓度升高；而平坦的地形地貌可能诱导空气对流，并影响降水的强度和分布，

此种地形地貌利于臭氧的扩散以及消除，进而使当地臭氧浓度降低。

对于地形地貌相对均匀的地理区域，其大气扩散条件和光化学反应条件通常具有一定的相似性，这导致区域内污染物浓度变化规律具有较好的相似性；但是在地形地貌有明显变化的地区，空间相关性很可能被打破，此即为地形效应。

第二部分
对流层臭氧的来源与成因

23. 对流层臭氧的主要来源是什么？

对流层臭氧是一种短寿命的痕量气体，其主要来源分为天然源和人为源。

臭氧天然源包括平流层进入对流层的部分（平流层臭氧入侵）以及自然产生的 NO_x（土壤和闪电释放）与生物排放的 VOCs（甲烷、萜烯类化合物）反应所生成的部分，以平流层臭氧入侵为主，这部分来源对对流层臭氧影响总体上较小。臭氧前体物 NO_x 的天然源主要是土壤和海洋中有机物的分解，属于自然界的氮循环过程，而 VOCs 的天然源主要是森林、草原、海洋等的植物排放。

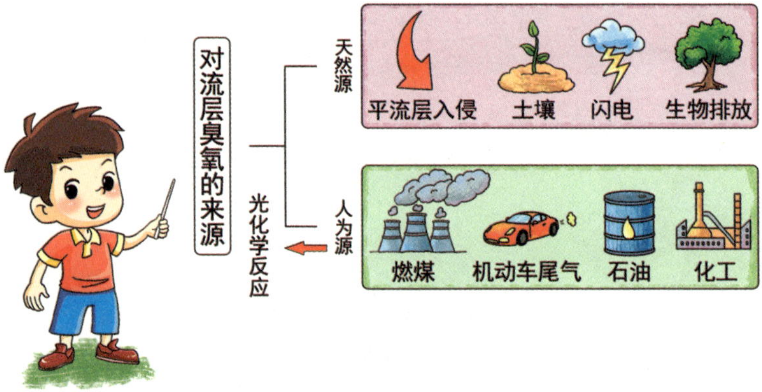

臭氧人为源主要是包括燃煤、机动车尾气、石油、化工等排放出的 NO_x 和 VOCs，在日光照射条件下，发生光化学反应产生臭氧。NO_x 的人为源大部分来自化石燃料的燃烧，如汽车、飞机、内燃机及工业窑炉的燃烧过程；也可来自生产、使用硝酸的过程，如氮肥生产、有机中间体生产、有色及黑色金属冶炼等。而 VOCs 的人为源则可分为固定源和流动源两大类，其中固定源包括化石燃料和生物质（秸秆、木材）燃烧、溶剂使用、工业过程（如石油化工、炼钢炼焦）等，流动源包括船舶和汽车等。

24. 臭氧有直接产生的源吗？

在大气中有直接产生臭氧的源。

在近地面，最常见的就是夏季的闪电，还包括森林火灾、火山爆发、人工放电以及核爆炸等过程，这些高温或高压电离空气的过程，会不同程度地产生臭氧。

日常生活中的一些生活电器也会产生臭氧，如激光打印机、变压器和部分空气净化器在工作过程中，由于高压放电也会产生臭氧。

这些臭氧一般产生快，短时局部浓度高，但消除也快，对人类的健康影响较小。

而在高层大气中，臭氧的来源是在太阳紫外线辐射的作用下，氧气分子电离为氧原子，这种氧原子会与氧气分子碰撞而结合成臭氧分子。

25. 臭氧在大气中的主要化学过程有哪些？

平流层臭氧的主要化学过程包括 Chapman 机制和催化机制。Chapman 机制认为臭氧的生成反应（发生在距地面 25 km 以上）是由 O_2 分子在短波紫外辐射作用下光解引发的。由于研究发现 Chapman 机制中的清除反应太慢，不足以与生成反应达成平衡，后续研究提出物种 Y（奇氮化合物 NO_x、奇氢化合物 HO_x、奇氯化合物 ClO_x、奇溴化合物 BrO_x）的催化反应可以平衡生成反应，物种 Y 的催化机制总体上可以表达为：

$$Y + O_3 \longrightarrow YO + O_2$$

$$YO + O \longrightarrow Y + O_2$$

$$总反应\ O_3 + O \longrightarrow 2O_2$$

对流层臭氧主要化学过程实际就是光化学反应过程，通过 12 个反应组成的简化机制可概括描述光化学反应过程，包括引发反应、自由基形成、自由基传递反应和终止反应。反应包括两个循环：NO_x 循环和 HO_x 循环。NO_x 循环和 HO_x 循环相互耦合作用，不断将 NO 转化为 NO_2，从而使臭氧逐渐积累，直到自由基被清除，整个循环才终止。

$$Y+O_3 \rightarrow YO+O_2$$

$$YO+O \rightarrow Y+O_2$$

总反应 $O_3+O \rightarrow 2O_2$

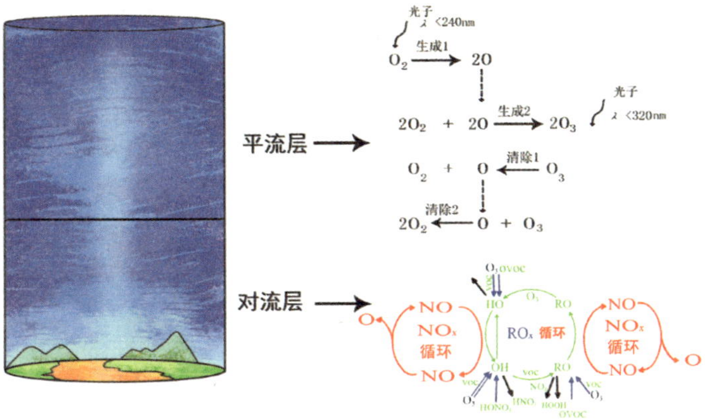

26. 平流层臭氧会对对流层臭氧产生影响吗？

平流层臭氧可以通过平流层 - 对流层交换（stratosphere-troposphere exchange，STE）过程向下输送，穿越对流层顶进入对流层。平流层臭氧、水气及其他微量气体均通过这种方式被输送到对流层中。由于平流层臭氧浓度远高于对流层，因此平流层臭氧向下输送会对对流层，甚至对某个时间段的近地面臭氧产生重要影响。

27. 生物质燃烧会对对流层臭氧产生影响吗？

生物质燃烧是大气臭氧前体物的重要来源之一，在南大西洋、非洲南部、南美洲以及东南亚地区，已经确认季节性的生物质燃烧会导致对流层中下层的臭氧增加。春季东南亚地区以及印度中东部有大量的生物质燃烧发生，而且东南亚的生物质燃烧产物可以扩散到全球尺度范围。生物质燃烧会产生大量 CO、CO_2、CH_4、非甲烷类挥发性有机物（NMVOCs）和 NO_x，这些产物释放到大气中，在太阳辐射的作用下就可以通过光化学反应产生高浓度的臭氧。

28. 影响臭氧的气象要素有哪些？

气象要素在臭氧的产生、沉降、传输和稀释中都扮演着重要的角色。例如风向、风速、温度、太阳辐射和相对湿度等都会对臭氧及其前体物产生重要的影响。首先高温和充足的紫外辐射是光化学反应的重要因素，而云层可以削减到达地面的太阳辐射，因此晴天少云的气象条件有利于臭氧浓度升高。风场会影响臭氧及其前体物的传输，对臭氧的生成产生影响，稳定的大气层结、小风会导致臭氧在局地累积。此外，臭氧浓度往往随着相对湿度的增加而减小，大气中的水气通过影响太阳紫外辐射进而影响臭氧的生成。而降水也会对臭氧产生湿清除作用。因此高温、晴天少云、低湿度、小风和辐射增强都是有利于臭氧生成的气象条件。

29. 居民的哪些活动会导致臭氧的生成？

NO_x 和 VOCs 的排放以及太阳辐射是导致环境空气中臭氧形成的主要因素。日常生活中，机动车尾气排放、燃煤、汽车修理的喷漆、餐饮业的油烟排放、印刷以及家具涂漆等排放出的 VOCs 和 NO_x 等污染物会在光照条件下发生光化学反应生成 O_3。此外，在办公场所，一些设备如空气净化器、负离子发生器以及复印机等会直接排放臭氧，造成室内臭氧浓度局部短时间增加。

30. 减少人为排放，臭氧是不是就会降低呢？

减少人为排放，相当于减少臭氧生成的“原料”，总体上有利于减少臭氧的生成。但也应该注意到，臭氧生成与其主要的两大前体物 NO_x 和 VOCs 呈高度非线性关系，并且与气象条件和污染源排放相关，导致减少人为排放，并不一定会直接反映到臭氧浓度的下降。臭氧生成机制通常分为 NO_x 控制和 VOCs 控制。在 NO_x 控制区，臭氧生成与 NO_x 的排放更为紧密，此时 NO_x 浓度降低，臭氧浓度也会降低；而在 VOCs 控制区，臭氧生成与 VOCs 的排放更为紧密，此时对 NO_x 进行减排，反而会使得臭氧浓度升高。因为在 VOCs 控制区 NO_2 与 OH 的反应比 VOCs 与 OH 的反应快。此时 NO_2 与 OH 的反应可将 OH 从 VOCs 氧化循环中去除，从而抑制 O_3 的生成，若此时对 NO_x 进行减排，则会有利于 O_3 的生成。与此同时，臭氧生成的 NO_x 控制区和 VOCs 控制区不仅仅取决于地点和污染源排放，还取决于随污染输送、扩散和化学寿命而变化的气团的化学特征。因此，需要分清楚当地属于 NO_x 控制区还是 VOCs 控制区，采取对应的措施才能使得臭氧浓度降低，通常需要采取 NO_x 与 VOCs 的协同控制，科学减少人为源排放以有效降低臭氧污染。

31. 郊区的臭氧浓度一定低于城市地区吗？

郊区的臭氧浓度不一定低于城市地区。郊区往往臭氧生成的前体物——VOCs浓度较高，并且若郊区位于下风向地区，活性较低的污染物经传输过程会在郊区发生光化学反应，产生臭氧。此外，在郊区，臭氧还会通过平流层进入对流层，进而导致郊区臭氧浓度升高。同时，城市地区的NO浓度相对较高，NO会与臭氧发生滴定反应消耗臭氧，导致城市地区的臭氧浓度相对于郊区更低。因此郊区的臭氧浓度不一定低于城市地区，在某些条件下，会低于城市地区，在某些条件下，反而会高于城市地区。

32. 在沿海地区这些感觉空气清新的地方，也有臭氧污染吗？

沿海地区一般风都比较大，空气流通得快，且降水也相对较多，沉降到海面的污染物会被海水吸附，有一定的空气净化作用，加之沿海地区具有植被优势，因此沿海地区的空气质量相对于内陆地区较好。

但是沿海地区也是经济发达地区，工业多，人口密集，人类活动排放的污染物也多，当污染排放超过环境的自净能力时，就会发生空气污染。我国的部分沿海地区，如长三角和珠三角，也是臭氧污染的高发地区。

沿海地区经济发达，污染物排放多，超过环境自净能力时会发生空气污染。如长三角和珠三角，也是臭氧污染的高发地区

33. 我国发生臭氧污染的主要地区和季节有哪些？

我国臭氧污染主要发生在城市密集地区。京津冀地区、汾渭平原、珠江三角洲、长江三角洲和成渝地区是我国臭氧污染较为严重的地区。山东半岛、华中、华北和东部沿海地区都有不同程度的臭氧污染，而且近年来臭氧污染有向内陆地区扩大的趋势。城市工业发展和城镇密集带来的 VOCs 排放和机动车尾气带来的 NO_x 排放导致城市臭氧污染频发。臭氧作为城市首要污染物的天数不断增加，已经成为全国大部分城市环境空气质量不达标的制约因素。

臭氧污染具有明显的季节性，我国臭氧污染北方地区主要集中在夏季，南方地区出现在夏秋。阳光明媚的天气有利于 VOCs 和 NO_x 发生一系列光化学反应，导致大气氧化性增强，地面臭氧浓度升高。夏季日照强、温度高、云量少、风力弱，对臭氧的形成来说可谓是“天时地利”，这也是夏天更容易臭氧超标的原因。

34. 臭氧和其前体物在大气中生命周期是多长，对传输有什么影响？

臭氧大气寿命较长，在边界层为几小时到几天，在自由对流层为几周，因此其可以在大气中被远距离输送。臭氧前体物 NO_x 在大气中的存留时间为 1 ～ 4 天。由于物种不同，前体物 VOCs 的大气寿命从几分钟到几十天不等。在局地和区域大气环流的带动下，上风向城市排放的臭氧前体物及产生的臭氧会被输送到下风向城市，从而增加下风向城市空气中臭氧的浓度。

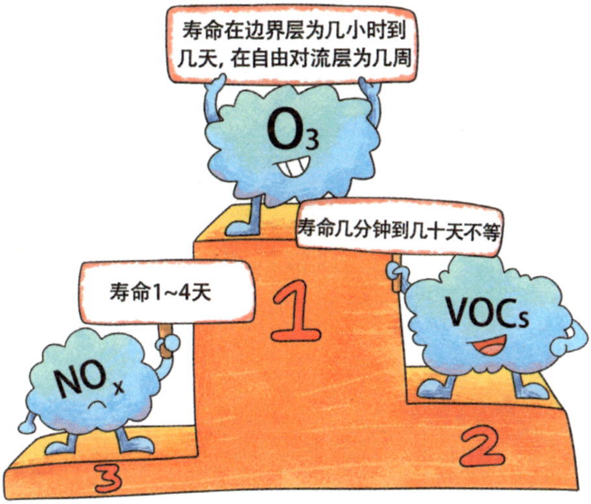

35. 造成臭氧超标的原因有哪些？

高浓度的前体物、适宜的气象条件和强太阳辐射是造成城市地区臭氧超标的主要原因。随着经济高速发展，工业生产和居民生活产生的臭氧前体物 VOCs 和 NO_x 排放量不断增加，导致大气氧化性增强，当出现高温、低湿、低风速的气象条件时，在强太阳辐射条件下，光化学反应会快速发生，在近地面产生臭氧。在特定时间、特定地点，受到大气运动的影响，平流层的高浓度臭氧也会传输到近地面，造成臭氧浓度超标。

36. 研究对流层臭氧来源的常用方法有哪些？

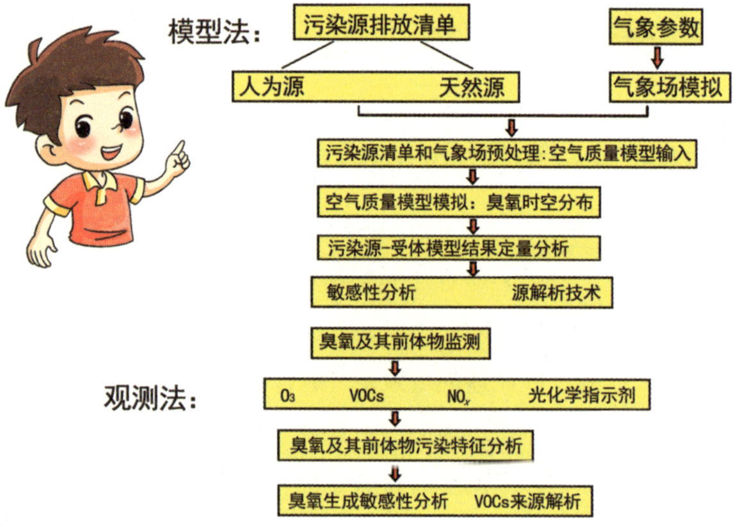

研究对流层臭氧来源的常用方法有基于观测的方法和基于模型的方法。基于观测的方法是根据臭氧及其前体物的观测数据，采用数据分析及受体模型定量解析各 VOCs 污染源对臭氧及其前体物形成贡献的方法。基于模型的方法则是应用不同尺度数值模型方法，定量描述臭氧前体物从排放到生成臭氧所经历的大气物理化学过程，定量估算不同地区和不同类别污染源排放对大气臭氧及其前体物相对贡献的方法。

37. 我国开展臭氧污染研究的历程如何？

我国臭氧污染研究始于 20 世纪 70 年代的兰州市，科学研究发现产生臭氧污染的原因是当地石油化工厂排放的有机废气导致光化学烟雾生成。20 世纪 80 年代，北京大学唐孝炎院士、中国环境科学

研究院王文兴院士等专家在我国兰州西固等地开展了光化学烟雾研究。臭氧污染的研究与改革开放同步，在经济高速发展和综合国力快速提高的同时，我国大气污染研究也在不断深入，臭氧污染防治的研究也在持续，进而有效避免了发达国家曾经出现的光化学烟雾事件。“十三五”期间，我国重要研究计划相继部署了臭氧污染相关内容。国家自然科学基金在臭氧生成机理、传输规律、环境暴露与健康效应和农作物影响等方面开展了基础性研究。

38. 是不是大气颗粒物浓度低时更容易出现臭氧污染？

环境空气中的臭氧主要来自太阳光照射条件下的光化学反应，大气中的颗粒物浓度对太阳辐射有一定的影响。一是较高浓度的颗粒物的散射作用对太阳光有较强的阻挡作用，可以减少光化学反应的太阳辐射能量；二是因具有吸光性，颗粒物可以吸收太阳光，也能

减少太阳辐射的能量。因此高浓度的颗粒物可能会阻碍臭氧的生成。臭氧生成的重要前提是需要有光化学反应的“原料”，即前体物 NO_x 和 VOCs，在有了“原料”后才有可能产生臭氧污染。因此，在大气污染物排放较多的地区，较低的颗粒物浓度可能会伴随着较高的臭氧浓度，但是二者没有直接的关系。

39. 生物源挥发性有机物对臭氧污染有影响吗？

生物源挥发性有机物（BVOCs）对臭氧污染有影响，并且其光化学反应过程是对流层臭氧的重要来源之一。

生物源如植物（森林），其排放的萜烯类物质会和大气中的 NO_x 发生光化学反应生成臭氧。例如，BVOCs 是夏季北美乡村地区大面积臭氧高值的主要原因之一，因此成为北美地区大气臭氧控制的一个重要因子，仅仅削减人为源往往不能有效控制该地区的臭氧污染。

40. 城市交通要道有臭氧污染吗？

NO_x 和 VOCs 是臭氧的前体物，在城市中，这两种污染物大量来源于机动车尾气排放。因此在交通运输量相对较大的城市，机动车尾气排放的 NO_x 和 VOCs 在太阳光紫外线照射的条件下，会形成臭氧污染。

第三部分
臭氧污染的环境与健康影响

41. 臭氧的主要环境影响有哪些？

臭氧是大气中重要的微量气体，在平流层臭氧是地球生物的保护伞。平流层中臭氧的存在对于地球生命物质至关重要，因为它阻挡了高能量的紫外线辐射到达地面，如果平流层臭氧含量减少（臭氧层减薄），那么就会使其吸收紫外线辐射的能力大大减弱，导致紫外线辐射到达地球表面紫外 B 区辐射强度明显增加，给人类健康和生态环境带来严重危害。

在对流层，臭氧却是一种严重的污染物，主要以光化学烟雾的形式呈现污染状态。由于臭氧具有强氧化性和刺激性，在近地面大气中达到一定浓度时就会造成环境污染。除了会对人体健康产生负面影响，臭氧浓度上升会使植物叶子变黄甚至枯萎，对植物造成损害，甚至造成农林植物减产、经济效益下降等。臭氧能够较快地与室内的乳胶涂料等表面涂层，软木器具，地毯，丝，棉花，醋酸纤维素、尼龙和聚酯的制成品中含不饱和碳碳键的有机化合物（包括橡胶、苯乙烯、不饱和脂肪酸及其酯类）发生反应，从而造成染料褪色、照片图像层脱色、轮胎老化等。

根据我国相关规定，在人类居住环境，臭氧质量浓度超过 0.16 mg/m^3 时就构成污染；在作业场所，臭氧质量浓度超过 0.2 mg/m^3 时就构成污染。

42. 影响臭氧环境浓度的因素有哪些？

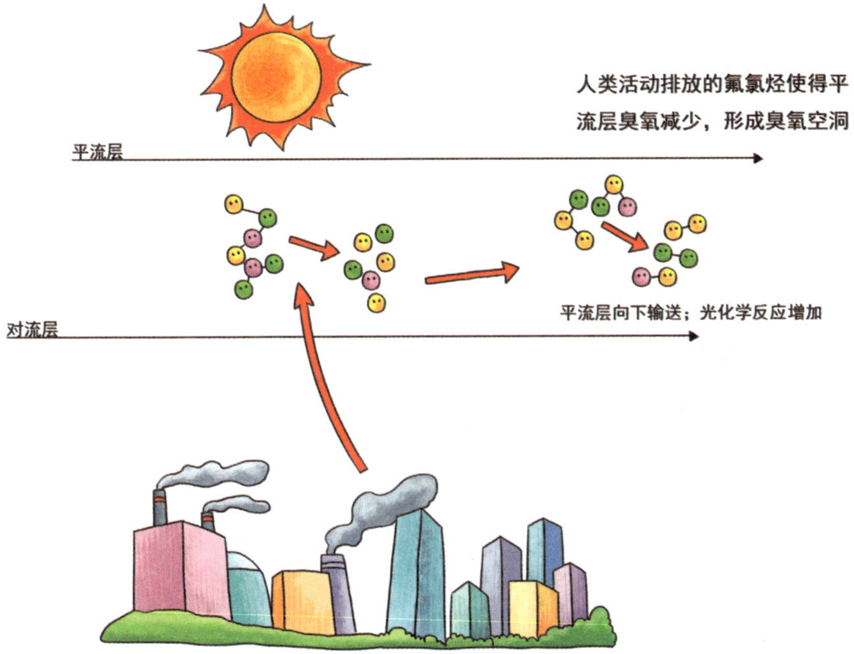

影响臭氧环境浓度的因素主要为气象条件：太阳辐射、边界层高度、温度、湿度、风速、风向等。太阳辐射对臭氧的形成起到关键作用。

例如，冬季辐射强度小，边界层较低，大气扩散条件不利，同时气温低、臭氧浓度值低；反之，夏季辐射强度大，大气光化学反应强烈，同时气温高，易出现臭氧浓度值高的现象。

43. 影响大气中臭氧迁移转化的因素有哪些？

臭氧及其前体物的分布，受大气输送和扩散过程的影响，包括风的水平输送（平流输送）、水平和垂直方向的扩散（大气边界层）以及干沉降等。特定地区的复杂地形产生的海陆风、山谷风也会对其产生明显影响。同时，臭氧前体物 NO_x 和 VOCs 的浓度受排放、输送和扩散过程的影响。由于臭氧是区域性的空气污染物，因此 NO_x 及 VOCs 排放源可对几百千米甚至上千千米范围的臭氧生成产生影响。

44. 全球变暖与臭氧有什么关系？

全球变暖是一种和自然有关的现象，是由于温室效应不断积累，导致地气系统吸收与发射的能量不平衡，能量不断在地气系统累积，从而导致温度上升，造成全球变暖。在全球变暖的背景下，高温热浪极端天气事件越发频繁，温度升高，一定程度上会造成大气中各种气态物质化学反应加快，促进臭氧生成。此外，由于陆地温室气体排放造成大陆气温升高，与海洋温差变小，进而造成空气流动减慢，污染物无法短时间被吹散，进一步促进臭氧的生成和积累。综上，全球变暖促进了臭氧的生成和积累，增加了对流层中臭氧的本底浓度；同时，臭氧也是一种温室气体，其浓度的上升会加剧全球变暖。

45. 臭氧对 $PM_{2.5}$ 有影响吗？

$PM_{2.5}$ 和臭氧二者之间可以通过多种途径相互作用。一般来说，$PM_{2.5}$ 浓度和臭氧浓度在夏季呈正相关、在冬季呈负相关。臭氧浓度在一定程度上能够反映大气氧化能力，生成臭氧的光化学反应过程能够提供生成二次 $PM_{2.5}$ 所需的氧化剂，从而促进二次 $PM_{2.5}$ 的生成。与此同时，$PM_{2.5}$ 可以通过散射或吸收太阳辐射改变光解速率和 $PM_{2.5}$ 表面非均相化学反应，这两种反应途径的改变可影响臭氧的浓度变化。

46. 臭氧会伤害植被吗？

大气平流层中臭氧可以吸收太阳辐射中的紫外 B 波（波长 280 ~ 320 nm），对地表动植物具有保护作用，但近地面臭氧对动植物具有危害。

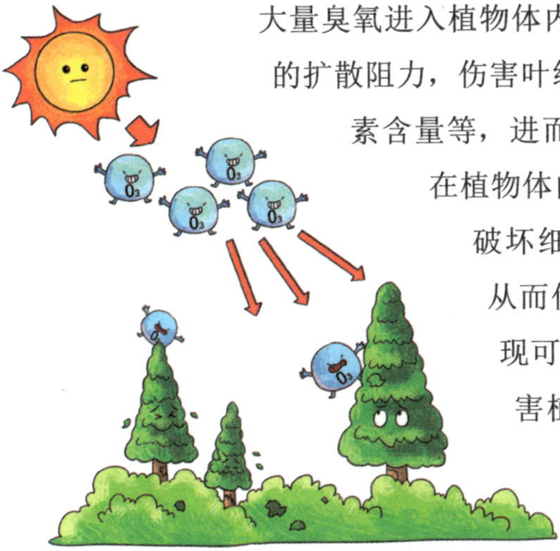

大量臭氧进入植物体内会增加CO_2在叶肉细胞中的扩散阻力，伤害叶绿体，减少光系统Ⅱ和叶绿素含量等，进而影响植物光合作用。臭氧在植物体内产生的一系列活性物质会破坏细胞膜的结构及相关功能，从而使得植物叶片加速衰老并出现可见伤害症状。臭氧会通过伤害植物细胞线粒体或者改变细胞膜通透性破坏离子平衡，抑制植物的呼吸作用。臭氧还会降低植物体内由可溶解性糖和淀粉组成的非结构性碳水化合物的含量，并改变其在植物体内的分配特征，最终影响植物的物质代谢。

植物受到臭氧污染的特征主要表现在叶片上：有微小的紫红色、黄色或黑色斑点，有时整片变色；一般出现在叶片表面（叶脉之间），不会穿透叶片组织，但严重时可能出现叶片坏死；成熟和较老的树叶更容易出现变化，新叶则受污染较轻。

47. 臭氧对农作物有哪些影响？

一年中，高浓度的臭氧多出现于春末—秋初这一段温度较高的时期，与大多数植物生长季吻合，由于臭氧的强氧化性，环境空气中高浓度的臭氧会对植物的叶片产生影响，对作物的生长、产量及其光合机理有强烈的负面效应，对小麦、大豆和水稻等农作物会产生较为严重的负面影响，严重影响粮食安全。同时，近地面臭氧还会影响作物的物候、品质和农田土壤酶活性等，从而影响农田生态系统的健康。

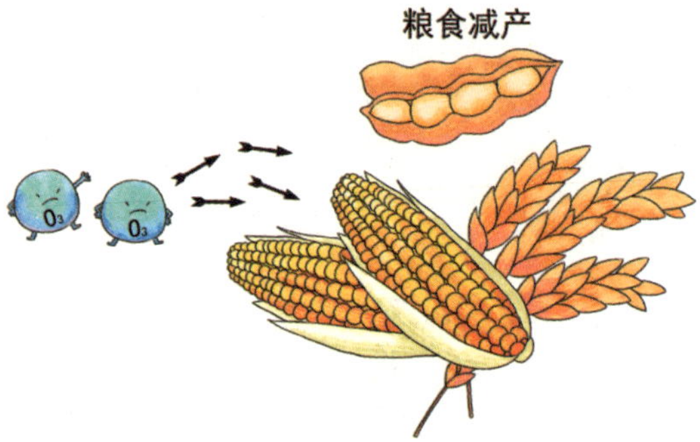

48. 臭氧会腐蚀金属材料吗？

臭氧具有很强的氧化性，除金和铂，臭氧几乎对所有金属都有腐蚀作用，如铝、铁、锌、铅与臭氧接触会被强烈氧化。

博物馆环境中的污染气体包含臭氧，臭氧对各种金属文物会造成不同程度的破坏，青铜是一种以铜和锡为主要成分的合金，臭氧对青铜类文物的破坏已经引起了国内外专家和学者的广泛关注。

但是铬铁合金基本上不受臭氧腐蚀，基于这一点，生产上常使用含 25% 铬的铬铁合金（不锈钢）来制造臭氧发生设备和加铸设备中与臭氧直接接触的部件。

49. 臭氧会腐蚀非金属材料吗？

臭氧对非金属材料也具有腐蚀作用，臭氧能够较快地与乳胶涂料等表面涂层，软木器具，地毯，丝，棉花，醋酸纤维素、尼龙和聚酯的制成品中含不饱和碳碳键的有机化合物（包括橡胶、苯乙烯、不饱和脂肪酸及其酯类）发生反应，从而造成染料褪色、老相片脱色、轮胎老化等。

最常见的是臭氧对橡胶塑胶制品的腐蚀作用，橡胶塑胶制品的主要组分是烯、炔、烃的混合物，它们有一个共同点，就是含有碳碳双键（C＝C 键）。在一般情况下 C＝C 键是稳定的，但空气中的臭氧因具有强氧化性会导致 C＝C 键断裂，从而导致橡胶塑胶制品出现龟裂现象。

50. 臭氧对人体健康有影响吗？

臭氧对人体健康既有利也有害。平流层的臭氧可以有效地吸收紫外线，保护地球上的生物免受太阳辐射过强的伤害。臭氧也是全面、安全有效的杀菌剂，既可以杀灭细菌繁殖体、芽孢、病毒、真菌和原虫等多种微生物，还可以破坏肉毒杆菌和毒素及立克次氏体等，同时还具有很强的除霉、除腥、除臭等功能。此外，臭氧广泛应用于临床医学中，可用于治疗结肠炎、皮肤坏疽、风湿性疾病、关节疾病、椎间盘突出等。

相对于臭氧的有利作用，臭氧对于健康的不利影响也不容忽视。人在 1 h 内可接受臭氧的极限质量浓度是 260 μg/m^3。人在 320 μg/m^3 臭氧环境中活动 1 h 就会出现咳嗽、呼吸困难及肺功能下降等现象。臭氧还能参与生物体中的不饱和脂肪酸、氨基及其他蛋白质反应，使长时间直接接触高浓度臭氧的人出现疲乏、咳嗽、胸闷胸痛、皮肤起皱、恶心头痛、脉搏加速、记忆力衰退、视力下降等症状。此外，臭氧还会使人体甲状腺功能受损、骨骼钙化，还可引起潜在性的全身影响，如诱发淋巴细胞染色体异变，损害某些酶的活性和产生溶血反应。

51. 臭氧进入人体的途径有哪些？

空气中的臭氧主要是通过呼吸道吸收、皮肤和眼睛接触进入人体。臭氧与眼睛接触，会刺激眼睛，引起红眼、流泪、视力下降等症状；臭氧与人体皮肤接触后会对皮肤中的维生素 E 起到破坏作用，使皮肤起皱，出现黑斑；臭氧进入人体呼吸道后，与所接触的器官迅速反应，强烈刺激呼吸道，造成咽喉肿痛、胸闷咳嗽；引发支气管炎和肺气肿；臭氧还会破坏人体的免疫机能，诱发淋巴细胞染色体畸变，加速衰老，致使胎儿畸形等。

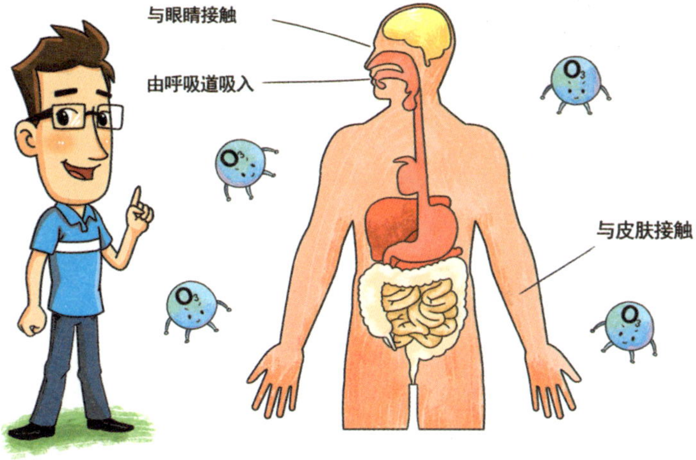

52. 出现臭氧污染时，公众需要戴口罩吗？

当环境空气中的臭氧浓度高于《环境空气质量标准》（GB 3095—2012）二级浓度限值（日最大 8 小时平均质量浓度 160 μg/m^3）时，会出现臭氧污染，健康人群尤其是易感人群眼睛、呼吸道等会出现不同程度的不适症状，此时需要注意自身防护。不同于 $PM_{2.5}$ 的预防，佩戴普通口罩对臭氧的预防无效。这主要是由于 $PM_{2.5}$ 是细颗粒物，而臭氧是气态污染物，气体分子更小，普通口罩无法对其进行有效阻拦或吸附。近年来有研究表明，带有活性炭滤层的口罩对臭氧有一定的清除作用，但具体作用还有待研究。供气式呼吸器、空气呼吸器对臭氧清除作用较好，但其成本较高。城市臭氧浓度往往在下午两三点达到峰值，当预报出现臭氧污染时，应减少或避免在午后两三点进行户外活动。

53. 臭氧对人体的危害大还是 $PM_{2.5}$ 对人体的危害大?

目前没有证据表明臭氧污染的危害比 $PM_{2.5}$ 的危害更大。研究发现臭氧污染可以对人体构成多种危害，但是定量研究的不确定性较大；环境空气中高浓度臭氧的人体健康损害主要包括刺激呼吸道与眼部，损伤呼吸系统和增加心脏负担，引起胸部不适、咳嗽、眼部灼热、头痛等反应，加重哮喘症状，阻碍血液输氧功能等。

54. 臭氧可以去除甲醛吗？

因具有强氧化性，臭氧可以将甲醛氧化分解为二氧化碳和水，从而达到去除甲醛的目的。臭氧发生器早期被用于空气净化，同样是因为臭氧的强氧化性，高浓度的臭氧在室内对人体和室内物品具有腐蚀作用，因此在使用臭氧净化空气时室内不能有人。气态臭氧只能对室内空气中已经存在的甲醛起作用，也就是说只能对家具和装修装饰材料释放到空气中的甲醛起作用，而对家具、建材内部的甲醛无能为力，家具、建材内部的甲醛挥发是长期性的，如果选用臭氧去除，只能定期在室内无人的情况下去除。

55. 低碳生活能减少臭氧污染吗？

低碳生活（low carbon living）的核心是节能减排，指在生活中要尽力减少所消耗的能量，特别是减少二氧化碳的排放量，从而减少对大气的污染，减缓生态恶化。我们每个人都应从身边点滴做起，减少个人碳足迹，在生活中培养低碳的生活方式，减少不必要的浪费，进而减少大气污染物的排放。例如，低碳生活倡导的节约用电和绿色出行可以减少臭氧前体物 NO_x 的排放，拒绝塑料袋可以减少石化行业的 VOCs 排放等，这些行为对缓解臭氧污染有一定的贡献。低碳生活不仅是当前社会的潮流，更是个人社会责任的体现。

56. 如何防护臭氧污染的伤害？

针对环境空气中的臭氧污染，应做好防护措施，尽量减少臭氧对人体的伤害，主要措施有：

（1）臭氧污染一般出现在午后温度最高的几个小时，这段时间最好减少外出及室外活动；该时段应减少室内通风换气次数，如果有条件，可开启室内空气净化设备。

（2）外出时，敏感人群需要做好防护，可佩戴帽子、眼镜及口罩等防护用品。

（3）平时应适量增加体育锻炼，提高身体素质，增强免疫力，这样可适当减轻臭氧对人体的损伤。

（4）人们应认识和重视吸入过量臭氧的危害性，避免在日常生活中发生臭氧中毒。

57. 臭氧对全球气候变化有影响吗？

平流层中的臭氧层像一个巨大的过滤网，对太阳光中的紫外线有极强的吸收作用，从而挡住了太阳紫外线对地球上生物的伤害，为地球上的生命提供了天然的保护屏障。臭氧层破坏，会使到达地面的太阳辐射尤其是紫外线辐射增强，从而直接或间接影响全球气候。臭氧在大气中存在的时间相比于 CO_2 较短，因此称为短生命气候强迫物质（short-lived climate forcer），其可通过影响地球系统的辐射收支产生气候效应，对全球气候变化具有十分重要的意义。

第四部分
臭氧污染的监测和预报

58. 臭氧预报可以帮助我们解决什么问题？

与天气预报一样，空气质量预报中的臭氧预报是为了让公众和相关政府部门提前了解臭氧污染的变化情况，公众特别是对空气污染敏感的人群可以根据预报信息采取相应的预防措施或安排户外活动。当预报的臭氧浓度或空气质量指数（Air Quality Index，AQI）达到预警等级时，环境管理部门会向公众和相关政府部门发出警报，相关部门会根据预警信息及时启动本地及周边地区联防联控及有关应急措施，最大限度减轻重污染天气的影响。根据预报的污染物浓度水平和污染持续时长，预警分为蓝色、黄色、橙色和红色四个等级。相关部门会根据预警等级，启用有针对性的应急方案，在控制污染的同时降低应急措施实施成本。

59. 我国环境空气质量预报预警业务是如何设计和开展的？

根据整体规划设计的原则，我国环境空气质量预报预警业务体系分为“国家—区域—省级—城市”四个层次。国家环境空气质量监测预报预警中心是全国环境空气质量预报的指导中心、数据支持中心和产品信息中心，负责开展国家层面的环境空气质量预报业务工作。区域中心主要负责所在区域内的环境空气质量预报业务、空气质量预报预警工作的总体协调以及数据信息共享与预报会商。各省、自治区和直辖市建立的省级环境空气质量预报预警中心负责本省空气质量预报预警工作协调、省级预报预警工作和数据信息共享与预报会商。各地级以上城市建立城市环境空气质量预报预警中心，负责城市辖区内的日常环境空气质量以及城市重污染过程精细化预报。

60. 我国环境空气质量预报包含臭氧预报吗？

我国环境空气质量预报始于1999年，1999年6月5日我国开始发布城市空气质量周报，2000年6月5日全国42个城市发布空气质量日报，2001年6月5日47个重点城市发布空气质量预报。我国

现有空气质量预报包括 6 项主要污染物（PM_{10}、$PM_{2.5}$、O_3、SO_2、NO_2、CO），各污染物的浓度会根据我国空气质量标准换算成各污染物的空气质量指数，选择空气质量指数最高的污染物作为预报的首要污染物，并将其空气质量指数作为整个大气的空气质量指数对外发布。预报的空气质量指数范围为 0 ～ 500，指数越高空气质量越差，并根据指数大小分为优、良、轻度污染、中度污染、重度污染和严重污染六个等级。当预报的空气质量为优时，预报指数最大的污染物不再作为首要污染物。

61. 臭氧预报采用的浓度值与 $PM_{2.5}$ 有什么差别？

环境空气污染物基本项目浓度限值

序号	污染物项目	平均时间	浓度限值 一级	浓度限值 二级	单位
1	二氧化硫（SO_2）	年平均	20	60	μg/m³
		24小时平均	50	150	
		1小时平均	150	500	
2	二氧化氮（NO_2）	年平均	40	40	μg/m³
		24小时平均	80	80	
		1小时平均	200	200	
3	一氧化碳（CO）	24小时平均	4	4	mg/m³
		1小时平均	10	10	
4	臭氧（O_3）	日最大8小时平均	100	160	μg/m³
		1小时平均	160	200	
5	颗粒物（粒径小于等于10 μm）	年平均	40	70	μg/m³
		24小时平均	50	150	
6	颗粒物（粒径小于等于2.5 μm）	年平均	15	35	μg/m³
		24小时平均	35	75	

2012 年我国发布了新的《环境空气质量标准》（GB 3095—2012），该标准基于环境空气中臭氧的 1 小时平均浓度最大值和日最大 8 小时平均浓度来衡量一天的臭氧污染水平，而 $PM_{2.5}$ 采用 24 小时平均浓度值来衡量一天的 $PM_{2.5}$ 污染水平。当预报的臭氧 1 小时平均浓度超过 200 μg/m³，或日最大 8 小时平均浓度超过 160 μg/m³ 时，预报的臭氧空气质量分指数会超过 100，预示将出现臭氧污染。

62. 臭氧浓度监测方法有哪些？

臭氧浓度监测方法大致可以分为三类——化学分析法、物理分析法和物理化学分析法。

化学分析法主要为碘量法，物理分析法主要为紫外光度法，物理化学分析法主要为分光光度法。环境保护部分别于 2009 年和 2010

年发布了《环境空气　臭氧的测定　靛蓝二磺酸钠分光光度法》（HJ 504—2009）和《环境空气　臭氧的测定　紫外光度法》（HJ 590—2010），将分光光度法与紫外光度法作为我国测定环境空气中的臭氧浓度的环境保护标准方法。目前，我国环境空气质量评价过程中，臭氧的监测均使用在线监测设备，其中以紫外光度法的点式设备为主。

63. 开展臭氧污染监测的意义是什么？

目前，臭氧污染已经成为影响我国环境空气质量的主要污染物，而且呈现日益严重的趋势。由于大气中臭氧形成机理复杂，既可以远距离传输，也可以在传输过程中生成，在前体物排放地和臭氧污染出现地往往出现不同步的现象，各个城市不同区域间也存在差异，而且会发生覆盖上百个城市、持续 10 天以上的大范围区域性污染。因此需要通过高密度、高强度、大范围的监测，才能准确掌握其污染规律。

同时，从保护环境和人体健康的角度考虑，开展臭氧污染监测可以及时向公众和政府部门提供臭氧污染的数据，也为开展臭氧污染预测预报建立了基础。

64. 在哪里监测环境空气中的臭氧？

生态环境部门在空气质量监测站点开展环境空气臭氧污染的监测。空气质量监测站点的功能是对存在于空气中的污染物质进行定点、连续或者定时的采样、测量和分析。为了对环境空气质量进行监测，一般在一个环保重点城市设立若干个空气质量监测站点，站点内安装多参数自动监测仪器作连续自动监测（臭氧是监测内容之一），将监测结果实时存储并加以分析后得到相关数据。空气质量监测站点是空气质量控制和对空气质量进行合理评估的基础平台，是一个城市环境空气保护的基础设施。

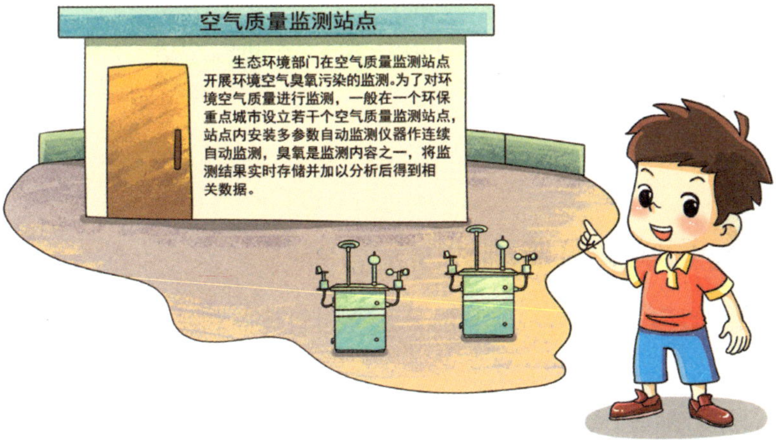

65. 怎样检测家中是否有臭氧污染？

适合家用检测的设备一般叫作便携式检测设备。目前使用较多的便携式检测设备多关注于颗粒物、甲醛、总挥发性有机物等对人体健康有较大影响的污染物。可用于臭氧污染检测的方法主要有化学发光法、电化学法、紫外光谱法、荧光法等，现用于臭氧污染检测的便携式设备主要应用的是化学发光法，检测灵敏度可达 10 μg/m³。但由于臭氧浓度在室内外存在较大差异，臭氧较少在室内影响人体健康，所以便携式臭氧检测仪的使用场景多在会产生臭氧污染的工业企业。

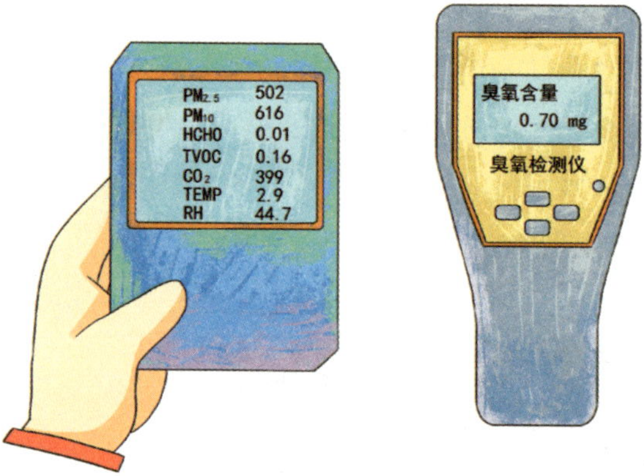

66. 影响臭氧监测的因素有哪些？

影响环境空气臭氧监测的最主要因素是监测站点的位置和臭氧监测系统。

当监测站点周边存在明显的污染源时，会对监测数据造成影响。同一座城市不同区域的监测站点监测到的臭氧浓度可能会存在明显差异，通常臭氧污染季时城市站点和区域站点的臭氧浓度高于背景站点。

采用何种测量方法、使用何种监测设备、设备运行维护水平以及不同厂家臭氧监测仪器的精准性等因素都会影响臭氧监测数据的准确性。

67. 公众可从哪里了解臭氧污染的程度？

公众可下载和安装中国环境监测总站发布的手机 App“空气质量发布”，实时查询官方权威发布的全国各个城市的环境空气质量，该数据为实时自动监测数据，每小时更新一次，监测指标包括 6 个：PM_{10}、$PM_{2.5}$、SO_2、NO_2、CO 和 O_3。部分省（区、市）也有自己的

空气质量发布 App，可以看到县一级甚至乡镇一级监测站点的空气质量监测实时数据。同时还能看到空气污染程度和首要污染物，当臭氧浓度超标时，就能看到臭氧的污染程度。

68. 开展臭氧预报的方法有哪些？

空气污染预报是根据气象条件（风、大气稳定度、降水及天气形势等）和污染源排放情况对某个区域未来的污染物浓度及空间分布发出预报。按内容一般可分为两类：一是空气污染气象预报，主要预测未来的气象条件对大气中污染物的稀释扩散是否有利；二是空气污染浓度预报，主要根据气象参数和污染资料预测出污染物的浓度分布。

与其他污染物的预报方法类似，臭氧预报方法主要有统计预报方法和数值预报方法两大类。统计预报方法以统计学方法为基础，利用已有观测等数据，建立未来大气污染浓度与历史数据或气象参数的统计预报模型，来预测大气污染物浓度变化。常用的统计预报方法包括回归方程法、天气形势分类法、神经网络法、趋势外推法等，其优点是运算量少、易于操作，但难以预报污染物在大范围区域的动态变化，在污染物排放和气象条件发生极端突变时的预报能力较弱。

数值预报方法在区域空气质量预报与分析方面具有明显优势，是目前国内外主流的空气质量预报方法。数值预报方法以大气物理和化学理论为基础，在给定的污染物初始和边界条件下，通过一套方程组描述污染物在空气中的排放、输送、扩散、化学转化、沉降等过程，并利用计算机高速运算对方程组进行求解，预报出污染物在三维空间上的动态分布和变化趋势。常用的数值预报模式包括中国的 NAQPMS 模式，美国的 CMAQ、CAMx、WRF-Chem 模式和欧盟的 CAMS 模式等，其优点是能较为完整地考虑污染物在大气生命周期中的各个过程，具有时空上的精细化预报能力，不足之处在于数值模拟的计算成本较高。

69. 空气质量数值预报系统由哪些部分构成？

空气质量数值预报系统是一项复杂的系统工程，包括高性能计算系统、气象数值模式、空气质量模式、观测 / 下垫面 / 源清单等数据的动态收集、预报数据可视化等。在实际应用中，各预报单位可以根据实际业务需求和计算机性能，设置数值预报产品的空间分辨率和预报时长。一般城市空气质量预报数据的空间分辨率在 3 km 左右，预报时长可达 7 天，国家环境空气质量监测预报预警中心以及部分区域和城市预报中心已经具备了 15 天甚至更长时间的污染物变化趋势预测能力。

70. 臭氧数值预报的误差来源有哪些？

臭氧数值预报的核心是空气质量数值预报模式，该模式在污染物初始浓度场、模拟边界的污染物浓度值、主要污染物排放量、气象

要素（风、温度、相对湿度、降水等）预报等输入数据驱动下，模拟预报污染物的扩散、传输和转化过程。因此，臭氧数值预报精度取决于这些输入数据是否准确，同时也取决于模式建模对污染物物理化学过程的表述是否科学和完整。为了提高臭氧数值预报精度，一方面需要减小排放源清单等输入数据的误差，另一方面需要模式研发人员不断完善物理化学过程的建模方法和参数。

71. 资料同化在臭氧数值预报中的作用是什么？

资料同化是一种将观测和数值模式联系起来的数据分析技术，它利用模式的污染物时空演变规律和物理化学机制将观测信息融入数值模式中，其目的是更加准确地估计或预测污染物的未来变化、减少预报误差。在臭氧数值预报中，通过污染物资料同化可以为数值模式提供更加精确的初边界污染物浓度数据，通过气象数据同化可以为数值模式提供更加精确的气象驱动数据。在源清单或模式参数存在较大偏差时，通过资料同化可以反演订正源清单和模式参数存在的偏差。

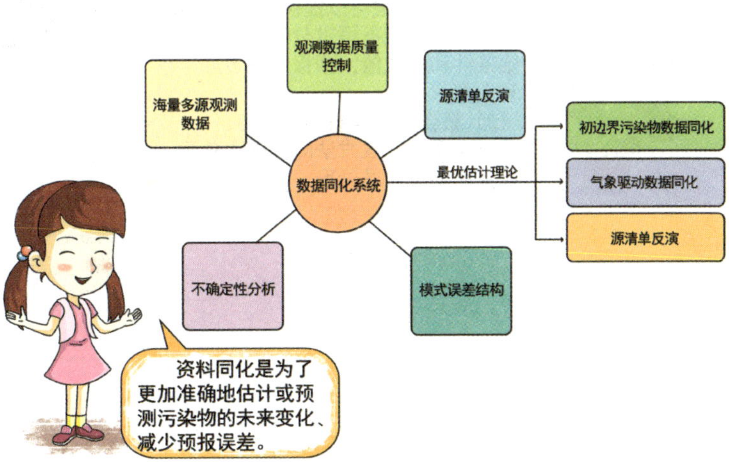

72. 集合预报在臭氧预报中的作用是什么？

由于数值模式的输入数据和模式建模过程都不可避免地存在误差，并且这种误差存在很大的随机性。因此，科学家提出用集合预报方式来处理预报中的随机性问题，即用一组有代表性的模式预报样本或多个模式预报结果来描述大气或污染物未来可能的状态。在天气预报或气候预测上，集合预报方法已经得到非常广泛的应用。相对于单模式预报，集合预报的主要优点在于：①集合预报能提供预报的可靠性和可预报性信息，不同模式或样本间的预报差异大，表示预报不确定性大；②集合预报可以提供不同事件发生的概率，预报不再过分依赖某一个初始条件和参数值，预报信息更加丰富和全面；③集合成员具有不同特点，通过合适的集成方法能获得比单模式更高的预报准确率。

73. 公众获得臭氧预报信息的途径有哪些？

为了给公众日常出行提供健康指引、最大限度地降低污染天气对人体健康的影响，各级生态环境部门会及时发布包含臭氧预报在内的环境空气质量预报信息，发布方式包括电视、手机、网站、微博、报刊等。中国环境监测总站建立了全国空气质量预报信息发布系统（http://106.37.208.228:8082），对外发布未来 5 天全国重点城市的空气质量预报信息。同时，各个省（区、市）生态环境部门也会采用多种形式发布当地的空气质量预报信息，如上海市采用“空气宝宝”来表示污染程度，“空气宝宝”的不同表情和发色代表不同的污染等级。

74. 我国目前环境空气质量监测网络中通常包括哪些类型的监测点？

开展环境空气质量监测，首先要明确监测目的。根据监测目的进行点位选址、点位数量的布局。监测点位的功能体现了监测目的，根据监测目标与内容，监测点位可分为：

（1）城市点：监测城市环境空气质量的整体状况以及变化趋势，进而参与城市环境空气质量评价。

（2）区域点：监测区域范围内空气质量状况以及污染物的区域传输和影响范围，进而参与区域环境空气质量评价。

（3）背景点：监测国家或大区域范围内的环境空气质量本底水平。

（4）污染监控点：监测本地区主要污染源以及工业园区等污染源聚集区域对当地环境空气质量的影响。

（5）路边交通点：监测道路交通污染源对环境空气质量的影响。

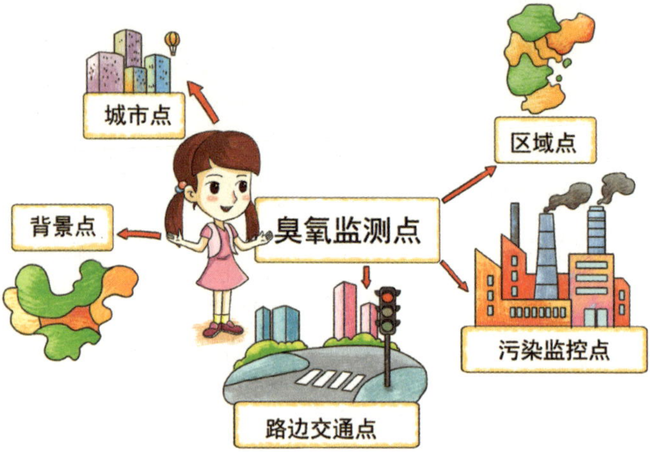

第五部分
臭氧污染的控制

75. 进行臭氧污染防治的意义是什么？

当对流层臭氧特别是近地面臭氧超过自然水平时，会对人体健康、生态系统、气候变化等产生不利影响。同时，环境空气臭氧是典型的二次污染物，也是造成我国区域大气复合污染的重要因素之一，臭氧污染已成为制约我国空气质量持续改善的关键因素。因此，从保护人体健康、保护生态系统及我国粮食安全、减少不利的气候变化影响等角度出发，开展环境空气臭氧污染防治具有重要意义。

76. 人类活动产生的 VOCs 减少了，臭氧浓度就能降低吗？

人为源排放的 NO_x 和 VOCs 是近地面臭氧产生的重要前体物，

社会经济活动增加导致的 NO_x 和 VOCs 的排放量增多是导致臭氧浓度上升的主要原因。例如，石化、化工、制药、涂装（汽车喷涂、汽修喷漆、家具喷漆）、包装印刷等的不断发展，造成了臭氧前体物 VOCs 的增加，加剧了城市环境空气臭氧污染。因此，减少前体物 NO_x 和 VOCs 的排放是臭氧污染防治的关键。但是由于区域和季节的不同，气象因素和人为活动对臭氧生成的相对作用有所不同，因此针对臭氧污染控制，需要全面考虑气象因素和人为活动的影响。

77. 为什么控制臭氧污染，需要按照一定比例协同削减 NO_x 和 VOCs 的排放？

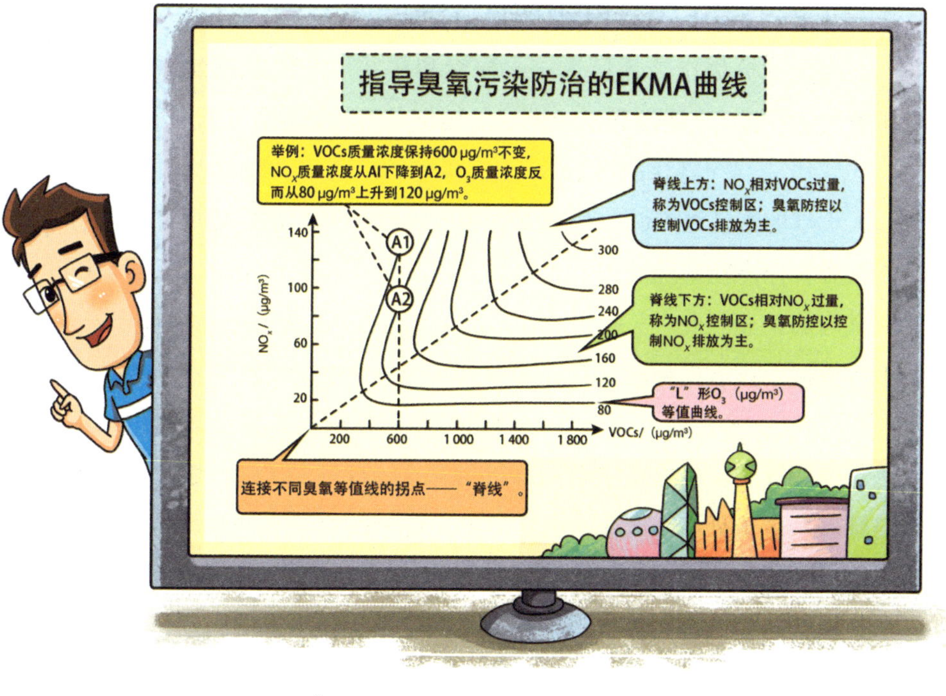

臭氧的生成与前体物 VOCs 和 NO_x 的浓度呈高度非线性关系，科学家以 EKMA 曲线呈现了这种非线性关系。根据曲线展示的非线性关系，单独减少 VOCs 或 NO_x 的浓度，并不一定意味着可以降低臭氧的浓度。从曲线上看，减少 VOCs 浓度意味着可以减少臭氧的生成，而对于 NO_x，情况则复杂很多，在某些区域降低 NO_x 的浓度可能会降低也可能会增加臭氧浓度。这是因为一方面 NO_x 可以促进臭氧的生成，另一方面 NO_x 中的 NO 对臭氧会起到滴定作用，直接反应消耗掉臭氧。因此，在一定的 VOCs 浓度下，存在一个特定的 NO_x 浓度，即最适宜的 VOCs/NO_x 值，对臭氧的削减最有效，按照这一比值减少 VOCs 和 NO_x 的浓度，才能高效地降低臭氧浓度。

78. 臭氧综合治理的精细管控措施有哪些？

我国部分城市或地区近年来探索和实践了一些臭氧前体物重点排放的工业源、交通源和城市面源的精细化管控措施，常见的手段有：

（1）工业源精细管控。一是分类施治，重点关注对臭氧生成有较大贡献的高活性 VOCs 排放工业企业的管控。二是针对重点区域的排放源管控，在某些城市，当预测到将要发生臭氧污染时，重点管控上风向的工业企业。三是优化工业企业交通结构，提高企业内部车辆、工程机械的排放提标和监管。

（2）交通源管控。一是加强道路移动源管控。禁止尾气排放不达标车辆行驶，执行重中型柴油货车绕行管理制度。二是强化渣土车监管。严厉查处渣土车未经备案运输、乱倾乱倒、不冲洗、车轮带泥上路、密闭不严、抛洒滴漏等违法行为。三是开展非道路移动源管控。城市内禁止使用高排放非道路移动机械，禁止使用未编码登记挂牌及环保检测不达标的非道路移动机械。四是强化油品管控。对销售环节油品质量进行抽检，依法严厉打击销售假劣油品和尿素的行为，对销售假劣油品和尿素的加油站一律依法查处。

（3）城市面源管控。一是露天喷涂管理。合理安排大中型装修、外立面改造、道路画线作业、道路沥青铺设等工程作业中涉及喷涂、油漆等有 VOCs 排放工序的施工时间，实施错峰施工，严禁每天 8:00 至 18:00 作业。二是开展餐饮油烟专项整治。产生油烟的餐饮服务（含烧烤）单位，安装油烟净化设施，更换环保炉具并进行检测、保持正常使用，城区内严禁违规露天烧烤。三是禁止露天焚烧。全面禁止露天焚烧沥青、油毡、橡胶、塑料、皮革、废油、垃圾、秸秆、落叶等行为。四是提高城市精细化管理水平。禁止每日 8:00 至 18:00 进行各类杀虫剂喷洒作业，减少在 10:00 至 18:00 进行园林和绿化带修剪作业。

79. 面对臭氧污染，哪些行业是治理的重点？

臭氧污染治理的核心是减少前体物 NO_x 和 VOCs 的排放。其中，

NO_x 主要来自火电、钢铁、水泥等行业固定源及机动车、船舶等移动源的排放。VOCs 主要有两个来源：人为源排放和植物源排放。削减 VOCs 排放的重心应该放在人为源上面。人为源包括工业源、交通源、生活源和农业源，其中工业源排放量最大，占人为源排放总量的一半左右，是 VOCs 排放控制重点。具体到工业源 VOCs 排放控制，应该关注石化、化工、工业涂装、包装印刷等重点行业，这些行业的 VOCs 排放量占工业源排放总量的 80% 以上。

80. 石化、工业涂装、包装印刷等重点行业 VOCs 治理的主要措施有哪些？

石化行业的 VOCs 排放主要来自无组织排放。部分石化企业装卸过程泄漏、设备与管阀件泄漏、储罐泄漏和废水处理过程逸散的 VOCs 占全厂 VOCs 排放量的 80% 以上。为此，应大力推行泄漏检测和修复技术（LDAR），建立健全管理制度，加强密封点泄漏管理；

同时，通过改用压力罐、低温罐、高效密封的浮顶罐，采用油气回收技术、提高装备和生产工艺水平、加强收集等措施严防无组织排放。

涂装工序是集装箱、汽车、家具、船舶、工程机械等制造行业的重要生产工序，应推广高效涂装工艺和先进涂装设备，优先使用高固体分涂料、水性涂料、粉末涂料等环保型涂料，产生 VOCs 的环节应密闭操作，并配套废气收集和治理设施。

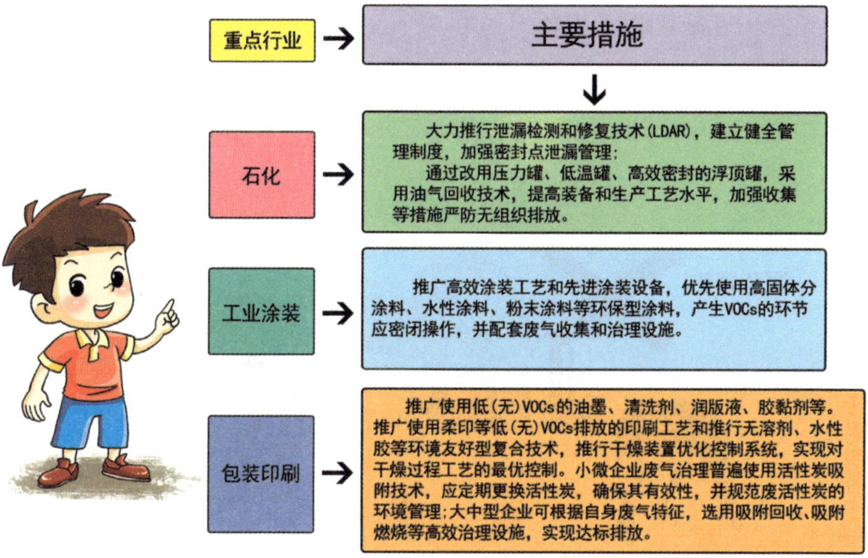

包装印刷行业点多面广，以小微企业居多，可从源头预防、过程控制和末端治理三方面着手。大力推广使用低（无）VOCs 的油墨、清洗剂、润版液、胶黏剂等，从源头进行削减。推广使用柔印等低（无）VOCs 排放的印刷工艺和推行无溶剂、水性胶等环境友好型复合技术，推行干燥装置优化控制系统，实现对干燥过程工艺的最优控制。小微企业废气治理普遍使用活性炭吸附技术，应定期更换活性炭，确保其有效性，并规范废活性炭的环境管理；大中型企业可根据自身废气特征，选用吸附回收、吸附燃烧等高效治理设施，实现达标排放。

81. 作为臭氧的重要前体物，VOCs 治理的总体要求是什么？

VOCs 来源复杂，业内有“管好每个阀门，才能彻底管住 VOCs”的说法，可见其控制之难。

削减 VOCs 排放的重心应该放在人为源上面。总体上，按照源头预防、过程控制、末端治理的要求实施全过程综合整治。

（1）源头预防主要是环保型原辅材料替代，即采用无毒或低毒、无 VOCs 或低 VOCs 含量的原辅材料代替或部分代替高毒性或高 VOCs 含量的原辅材料，是减少 VOCs 排放的最佳手段。

（2）过程控制主要包括改进生产工艺、改变运行条件等以减少 VOCs 形成与挥发，更换设备、加强生产管理和技术维修以减少 VOCs 泄漏等手段。

（3）在末端治理上，应加强废气收集，针对企业废气特点，因地制宜选用合适的处理工艺，做到达标排放。

同时，应兼顾交通源、生活源和农业源 VOCs 污染防治，推进机动车、建筑装饰、汽修、干洗、餐饮、秸秆焚烧和散煤燃烧等产生的 VOCs 的减排。

82. 植物源挥发性有机物的排放可以控制吗？

植物排放的 VOCs 不仅对环境大气中的臭氧有贡献，而且是导致许多人过敏的物质。因此植物源 VOCs 对环境大气质量和人体健康有不可忽视的影响。

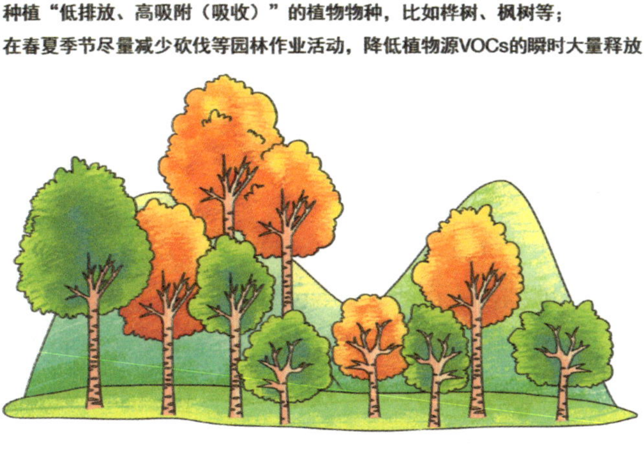

如何减少植物排放的 VOCs 的负面效应，充分发挥植物吸收大气污染物、释放负氧离子等有益成分的功能呢？首先应在植树造林的时候根据当地的植物种类和立地条件筛选并种植“低排放、高吸附（吸

收）”的植物物种，比如桦树、枫树等。其次在春夏季节尽量减少砍伐等园林作业活动，降低植物源 VOCs 的瞬时大量释放。

我国林业部门对于植物的吸附吸收污染物作用有充分的认识，也意识到植物源 VOCs 的致敏效应和环境效应。在当前开展的城市小微绿地、小微湿地、城市森林公园等工程建设过程中，也依据上述内容对植物物种进行了筛选。

83. 作为臭氧的重要前体物，NO_x 排放控制有哪些重要方式？

大气中的 NO_x 大多来自化石燃料燃烧，主要是来自火电、钢铁、水泥等工业行业固定源及机动车、船舶、工程机械等移动源的排放。

其排放控制方式主要有：

（1）实施清洁能源政策；

（2）电厂烟气脱硝；

（3）燃煤锅炉烟气脱硝；

（4）机动车尾气治理；

（5）提升油品质量。

我国已经初步建立了固定源 NO_x 的减排技术体系，发展了工业锅炉、电厂、化工、焦化和冶炼等行业各种工业炉窑 NO_x 减排技术，构建了涵盖低氮燃烧（LNBs）、选择性非催化还原（SNCR）、选择性催化还原（SCR）和化学吸收等的技术体系，保障了 NO_x 控制目标的顺利实现，特别是我国火电行业的超低排放改造目标提前完成。同时针对移动源 NO_x，发展了从源头治理、机内净化到后处理的机动车全过程 NO_x 控制技术。

84. 城市地区的臭氧污染防控与农村地区的臭氧污染防控有什么不同？

城市地区和农村地区的臭氧污染防控的主要差异在于臭氧前体物的来源不同。城市地区 VOCs 的来源有石化、化工、工业涂装、包装印刷、交通源排放等；NO_x 的来源主要为燃料燃烧，包括电厂锅炉、工业炉窑、机动车及其他内燃机燃料燃烧，以及化工生产等。农村地区 VOCs 和 NO_x 的来源主要为秸秆焚烧、煤炭燃烧等，具体来源会因农村能源结构差异而有所不同，但总体而言，农村地区的臭氧前体物排放量小于城市地区。在进行臭氧污染防控时，应因地制宜，根据前体物来源采取差异化的防控措施。

85. 治理臭氧污染最大的挑战在哪里？

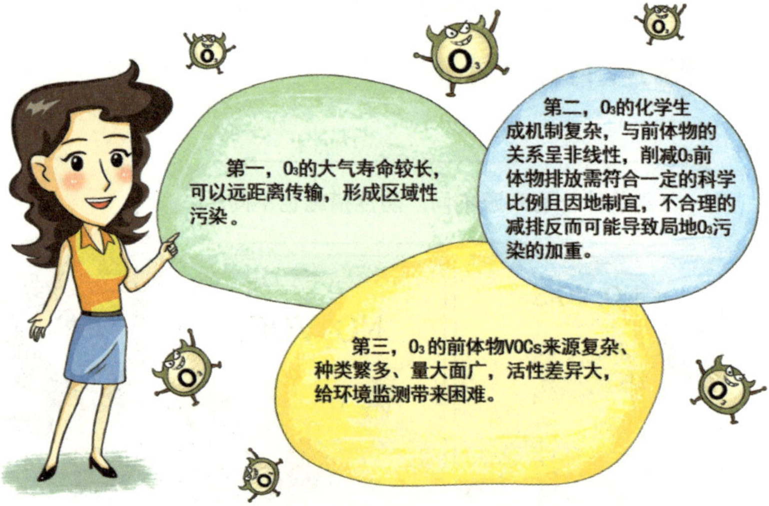

臭氧污染防治的困难主要在于三个方面：第一，臭氧的大气寿命较长，可以远距离传输，形成区域性污染，控制臭氧污染必须厘清不同区域间的相互贡献，实行区域联防联控；第二，臭氧的化学生成

机制复杂，与前体物的关系呈非线性，削减臭氧前体物排放需符合一定的科学比例且因地制宜，在治理前期，不合理的减排反而可能导致局地臭氧污染的加重；第三，臭氧的前体物 VOCs 来源复杂、种类繁多、量大面广且活性差异大，给环境监测带来了困难，因此导致相关基础数据掌握不足，目前尚没有 VOCs 排放量和排放清单的详细、权威数据，为精准管控带来挑战。

86. 为什么区域联防联控对臭氧污染控制很重要？

大气污染是个复杂的问题，各种污染物的成因互相关联，大气污染治理不是单纯治理哪一种污染物就能解决的问题，而是需要综合施策。“头痛医头、脚痛医脚”，看似对症下药，实际上是割裂了事物的内在联系，不仅不利于整体健康，也不利于具体问题的解决。

臭氧本身可以远距离传输，其前体物在传输过程中也能生成臭氧，影响传输路径上的区域，形成区域性污染，因此有些城市并不一定有前体物排放，但会受到上风向传输的影响。针对这种区域性的污染，单个城市甚至单个省的前体物管控并不一定能有效降低臭氧浓度，应建立跨城市、跨区域的联防联控机制。美国为治理臭氧的区域污染问题，专门成立了臭氧传输委员会（Ozone Transport Commission, OTC），并在《清洁空气法案》中划定了臭氧传输区域（Ozone Transport Region, OTR），有针对性地开展跨州的污染物排放管理，如为了控制 NO_x 规定了东西部各州电力行业 NO_x 的排放限量。

87. 公众应如何参与臭氧污染的控制？

环境保护离不开公众参与，防控臭氧污染需要人人参与。为减少臭氧前体物 VOCs 和 NO_x 的排放，我们呼吁公众践行绿色消费、绿色出行、节能环保低碳等绿色生活方式。

绿色出行：由于汽车油品燃烧产生的尾气是城市 NO_x 的重要来源，鼓励个人购买新能源汽车，优先选择公共交通、轨道交通和共享单车等方式出行，倡导燃油机动车驾驶人在不影响道路通行且需停车 3 分钟以上的情况下熄灭发动机，减少机动车尾气排放。

绿色消费：房屋装修装饰优先选择购买 VOCs 排放较少的涂料、水性漆等绿色环保标志产品，装修过程中，及时将涂料、水性漆盛装桶封闭。

绿色生活方式：节约用电，倡导使用节能灯，避免家用电器长时间处于待机状态，空调温度夏季不低于 26℃、冬季不高于 20℃，通过节能减少火电行业 NO_x 的排放。倡导生活垃圾分类处理，强化生活垃圾的源头减量化、资源化，以此减少垃圾焚烧排放的 NO_x。定期维护清理家中油烟机，确保正常使用。同时，履行环保监督的义务，对日常生活中发现的企业偷排偷放大气污染物、露天焚烧垃圾等违法行为以及“散乱污”企业，及时向生态环境等有关部门举报和反映。

绿色消费

节能低碳

绿色出行

88. 臭氧污染问题归哪些部门管理？

臭氧污染治理要从环境管理入手，由生态环境部门牵头，制定相关的标准、政策。对于前体物 VOCs 的减排，首先要从源头减少涉 VOCs 物料的使用。工业源方面，重点行业的 VOCs 削减由工业和信息化部门和财政部门负责，例如，工业和信息化部、财政部于 2016 年发布了《关于印发重点行业挥发性有机物削减行动计划的通知》（工信部联节〔2016〕217 号），提出重点行业要减少 VOCs 产生和排放、改善大气环境质量、提升制造业绿色化水平。交通源方面，由公安和交通管理部门负责，淘汰高排放车辆，对超标排放车辆进行处罚。城市面源方面，由城市管理相关部门负责，管理露天烧烤、露天焚烧等行为，对于油品质量和加油站油气回收等，由市场监督部门负责。

所以，臭氧污染是一项需要全民共治的工作。

89. 我国环境空气质量标准中对臭氧浓度有要求吗？

2012年我国发布新修订的《环境空气质量标准》（GB 3095—2012）。为使环境空气质量评价结果更加符合实际状况、更加接近人民群众切身感受，新标准增加了$PM_{2.5}$和臭氧日最大8小时平均浓度限值监测指标。

污染物项目	一级	二级
臭氧小时浓度	160	200
臭氧日最大8小时平均浓度	100	160

90. 为什么采用臭氧浓度日最大 8 小时平均值进行环境空气臭氧污染的日评价？

国际上保护人体健康的臭氧环境空气质量基准的研究最早是从 1 h 浓度值开始的。20 世纪研究发现，1 ～ 3 h 短期急性暴露较高浓度水平臭氧会引起健康效应，为此发达国家制定了 1 h 标准。通过加强控制，臭氧浓度水平降低至了 1 h 平均浓度限值以下，但是进一步的研究发现，在低浓度水平下暴露 6 ～ 8 h 仍然会引起健康效应。与 1 h 暴露相比，较低浓度水平 8 h 暴露引起的健康效应更直接相关。因而 20 世纪 90 年代后期国际上的臭氧环境空气质量基准逐渐发展为 8 小时浓度值。我国在制定《环境空气质量标准》(GB 3095—2012)时，考虑到一些地区臭氧的浓度水平较高，污染存在加重趋势，因而继续保留 1 小时平均浓度限值，控制较高臭氧浓度水平对公众健康造成的潜在影响，同时为使标准具有先进性，综合考虑国内实际情况和国际发展趋势，增加了 8 小时平均的浓度限值，并以臭氧浓度日最大 8 小时平均值进行环境空气臭氧污染的日评价。

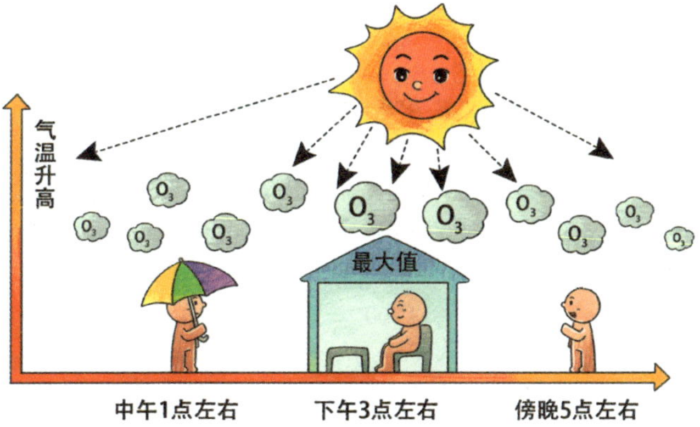

91. 城市臭氧污染是怎样评价的?

我国对臭氧污染的评价主要根据臭氧的生态影响和人体健康危害，参照世界卫生组织（WHO）的标准而制定。

对地级及以上城市，臭氧污染评价采用国家环境空气质量监测网中的环境空气质量评价城市点（简称“国控城市点”）；对县级城市，评价采用地方监测网络中的空气质量评价城市点；城市不同功能区的环境空气质量评价可参照执行。针对臭氧污染，通过臭氧空气质量分指数(IAQI)进行臭氧污染评价。臭氧污染的基本评价可分为小时评价、日评价和年评价，分别采用臭氧浓度的 1 小时平均值、日最大 8 小时平均值和日最大 8 小时滑动平均值的第 90 百分位数进行污染评价。臭氧小时评价与日评价的空气质量分指数分为六级，即优、良、轻度污染、中度污染、重度污染和严重污染；年评价分为达标与非达标。

臭氧污染浓度限值所对应的空气质量分指数

空气质量分指数（IAQI）	臭氧 1 小时平均浓度 /（μg/m^3）	臭氧日最大 8 小时平均浓度 /（μg/m^3）
0	0	0
50	160	100
100	200	160
150	300	215
200	400	265
300	800	800
400	1 000	(1)
500	1200	(1)

注：（1）臭氧日最大 8 小时平均浓度高于 800 μg/m^3，不再进行其空气质量分指数计算。臭氧空气质量分指数按照 1 小时平均浓度计算的分指数报告。

92. 执法部门怎样进行臭氧污染防治相关的监督管理？

从近几年情况看，环境空气臭氧浓度有所上升，臭氧污染问题变得更为突出。VOCs 是形成臭氧的重要前体物，治理难度大，加强 VOCs 治理是现阶段控制臭氧污染的有效途径。2020 年 6 月 24 日，生态环境部印发《2020 年挥发性有机物治理攻坚方案》（以下简称《方案》）。文件要求，各级生态环境部门要高度重视，把 VOCs 治理攻坚作为蓝天保卫战三年行动计划收官的重要任务。

执法部门通过十条措施以及重点查处十种行为来加强臭氧污染治理。

十条措施加强臭氧污染治理：

《方案》提出了十条措施，包括：大力推进源头替代，有效减少 VOCs 产生；全面落实标准要求，强化无组织排放控制；聚焦治污设施“三率”，提升综合治理效率；深化园区和集群整治，促进产业绿色发展；强化油品储、运、销监管，实现减污、降耗、增效；坚持帮扶执法结合，有效提高监管效能；完善监测监控体系，提高精准治理水平；加大政策支持力度，提升企业治理积极性；加强宣传教育引导，营造全民共治良好氛围；切实加强组织领导，严格实施考核督察等。

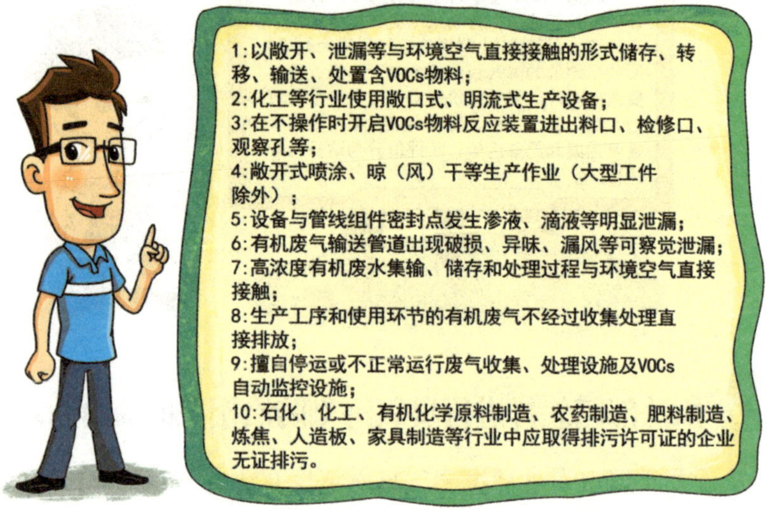

重点查处十种行为：

查处问题范围主要包括违反法律法规标准的十种行为：以敞开、泄漏等与环境空气直接接触的形式储存、转移、输送、处置含 VOCs 物料；化工等行业使用敞口式、明流式生产设备；在不操作时开启 VOCs 物料反应装置进出料口、检修口、观察孔等；敞开式喷涂、晾（风）干等生产作业（大型工件除外）；设备与管线组件密封点发生渗液、滴液等明显泄漏；有机废气输送管道出现破损、异味、漏风等可察觉泄漏；高浓度有机废水集输、储存和处理过程与环境空气直接接触；生产工序和使用环节的有机废气不经过收集处理直接排放；擅自停运或不正常运行废气收集、处理设施及 VOCs 自动监控设施；石化、化工、有机化学原料制造、农药制造、肥料制造、炼焦、人造板、家具制造等行业中应取得排污许可证的企业无证排污。

93. 国外采取哪些有效方式开展臭氧污染防治？

在控制策略方面，美国、欧盟和日本均经历了从单一臭氧前体物（NO_x 或 VOCs）控制到二者协同控制的转变、从污染物排放达标控制到污染物总量控制甚至到活性总量控制的转变、从只关注固定源到固定源和移动源两手抓的转变。在法规标准方面，美国、欧盟和日本均通过颁布相关法律法规指导臭氧污染防控及其前体物的减排。在联防联控方面，欧美等国家或地区对臭氧污染区域性特征认识较早，美国在州内、州际和国际尺度上对臭氧进行全面防治，欧盟各国很早就建立起大气污染联防联控机制和法律体系，在臭氧污染协同控制方面发挥了重要作用。在科学研究方面，美国、欧盟和日本均注重对臭氧污染形成机理及防控对策的科学研究，在 20 世纪八九十年代组织开展了若干大型综合研究计划项目，构建了大气光化学烟雾污染监测网络，长期监测近地面臭氧及其前体物的浓度变化。由发达国家和地区臭氧污染防治历程与经验可以看出，通过开展科学研究、确定控制策略、建立法规标准、实施联防联控、持续推进臭氧前体物减排、建立健全臭氧污染防控科学体系，可有效实现臭氧浓度的稳步下降。

94. 如何从西方国家借鉴臭氧污染的治理措施？

美国在 20 世纪 50 年代曾经历过严重的臭氧污染，1955 年洛杉矶光化学烟雾暴发期间，臭氧浓度峰值高达 0.65 ppm（约 1 300 μg/m^3）。为了解决光化学污染问题，美国制订了一系列措施，其中最重要的就是两个协同：建立区域协同治理机制和实施前体物协同减排措施相结合。

目前，我国也已经具备了相应的基础，重点区域协调机制和京津冀及周边地区大气环境管理局的设立为区域协同治理提供了基础，大气污染防治相关科研项目也为“2 + 26”城市污染治理积累了丰富的研究成果。

我国应进一步扩大和深化重点区域协调机制，基于区域臭氧污染生成和传输的科学评估来制定区域最优策略，并从区域整体的角度统筹政策实施，减少区域间及区域内臭氧污染的相互影响。

此外，发挥不同层级和不同手段的管控优势，将多种污染物根据其所属的源类别和特点分属地方和区域进行分级管控，在推行区域总量减排的同时也允许地方制定灵活的达标策略，利用市场机制降低治理成本。

95. 目前已经采取 VOCs 排污收费措施了吗？

2015 年 6 月，《关于印发〈挥发性有机物排污收费试点办法〉的通知》正式公布，并明确指出试点行业包括石油化工行业和包装印刷行业。

北京市是最早推行《挥发性有机物排污收费试点办法》的地区，自 2015 年 10 月 1 日起，北京市在包装印刷、家具制造、石油化工、汽车制造、电子行业等 5 大行业的 17 个行业小类开始征收挥发性有

机物排污费。截至 2017 年 12 月，已经有 21 个省份推行了《挥发性有机物排污收费试点办法》，而在这 21 个省份当中，黑龙江省是 2017 年 11 月 1 日起才开始实行，但仅实施两个月该办法便被废止了。

虽然说《挥发性有机物排污收费试点办法》已经被废止，但是并不能说 VOCs 没有了标准的管理办法，新的《中华人民共和国环境保护税法》于 2018 年 1 月 1 日起正式施行，考虑到 VOCs 种类较多，征收管理比较复杂，因此未将 VOCs 列入。但苯、甲苯等类型等 VOC 已经被纳入征税范围。

96. 臭氧污染来临前，应急管控会有效果吗？如何提高管控效果？

根据空气质量预测臭氧污染超标时，可以采取一些应急管控的措施，如涉前体物工业企业停限产、车辆禁限行、工地施工机械停止作业、减少白天涉及 VOCs 工序的生产、加大夏季城区洒水作业等，

这些措施对臭氧高峰时段的浓度有一定的削减作用。但从根本上讲，应急减排治标不冶本，臭氧污染治理是一项长期工作，要降低臭氧浓度、提高臭氧污染的管控效果，必须从提升环境管理水平、加强前体物减排入手，实现前体物的协同减排。

97. 大数据平台在臭氧污染防治中有什么作用？

臭氧的生成与前体物呈现复杂的非线性关系，其成因分析和管控措施制定不仅需要环境空气常规监测数据，还需要臭氧前体物排放特征、环境浓度、气象要素、太阳辐射、地理地形等多类型数据的综合分析。面对这种需求，现有依靠“人海战术”的数据分析，较难稳定、准确地提供时效性强、可视效果好的成因分析结果和管控措施建议。通过大数据平台，可以实现两方面作用：

一是数据自动获取与共享。根据臭氧污染分析内容、数据类型、更新频率，通过获取模块，自动获取和整理相关数据，并存入数据库。

数据包括但不限于：①常规污染物浓度资料；②光化学组分网数据；③各城市 VOCs 走航观测资料；④卫星观测资料；⑤气象资料；⑥污染源相关资料。获取数据后进行数据整理和归档。二是数据及时分析和结果可视化。根据臭氧污染分析需求，大数据平台可以实现实时统计分析，并提供可视化结果，实现实时查询、统计及生成图表。

98. 我国目前采取了哪些措施控制臭氧污染？

我国已经部署了 $PM_{2.5}$ 和臭氧协同控制，出台了相关治理政策、标准，大幅度削减臭氧前体物 VOCs 和 NO_x。但是臭氧的形成机理十分复杂，控制难度大。目前包括发达国家在内，臭氧污染仍是没有完全解决的大气污染问题。为贯彻落实《国务院关于印发打赢蓝天保卫战三年行动计划的通知》、降低夏季臭氧污染影响，生态环境部于2020 年组织开展夏季臭氧污染防治监督帮扶工作，全面推进挥发性有机物有效治理和精准管控。坚持方向不变、力度不减，坚持科学治污、精准治污、依法治污，持续推动产业结构、能源结构、运输结构和用地结构优化调整，协同推动经济发展和环境保护，推进全国空气质量持续改善。

国家实施的一系列措施已经取得成效，2020 年夏季臭氧污染防治攻坚行动开展后，重点区域 2020 年 6—9 月 VOCs 和 NO_x 排放量均同比下降，$PM_{2.5}$ 和臭氧浓度也均同比下降。

99. 目前我国为防治臭氧污染，发布了哪些环境管理文件？

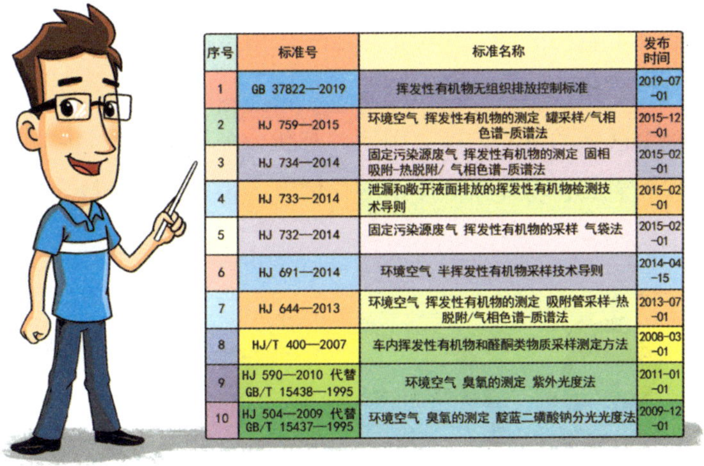

序号	标准号	标准名称	发布时间
1	GB 37822—2019	挥发性有机物无组织排放控制标准	2019-07-01
2	HJ 759—2015	环境空气 挥发性有机物的测定 罐采样/气相色谱-质谱法	2015-12-01
3	HJ 734—2014	固定污染源废气 挥发性有机物的测定 固相吸附-热脱附/ 气相色谱-质谱法	2015-02-01
4	HJ 733—2014	泄漏和敞开液面排放的挥发性有机物检测技术导则	2015-02-01
5	HJ 732—2014	固定污染源废气 挥发性有机物的采样 气袋法	2015-02-01
6	HJ 691—2014	环境空气 半挥发性有机物采样技术导则	2014-04-15
7	HJ 644—2013	环境空气 挥发性有机物的测定 吸附管采样-热脱附/气相色谱-质谱法	2013-07-01
8	HJ/T 400—2007	车内挥发性有机物和醛酮类物质采样测定方法	2008-03-01
9	HJ 590—2010 代替 GB/T 15438—1995	环境空气 臭氧的测定 紫外光度法	2011-01-01
10	HJ 504—2009 代替 GB/T 15437—1995	环境空气 臭氧的测定 靛蓝二磺酸钠分光光度法	2009-12-01

我国政府高度重视臭氧污染防治工作，在国家“十四五”规划纲要中提出了要“加强城市大气质量达标管理，推进 $PM_{2.5}$ 和臭氧协同控制”。2017 年以来，我国为控制臭氧污染已经连续发布了多个与臭氧污染防治相关的环境管理文件，主要包括行政法规、行动计划、技术指南及技术规范等。截止到 2021 年年初，国家及行业已经发布

了 23 项臭氧及其前体物 VOCs 的相关环境管理文件，包括 2 项行政法规、2 项行政计划、4 项技术指南和 15 项技术规范（包括国家及行业的监测规范及相关标准），使得臭氧污染防治有法可依、有规可循，更好地实现臭氧污染控制。

100. 如何判断一个城市的臭氧污染防治措施是否有效？

从国际经验来看，美国、欧洲和日本等大气污染治理开展较早的国家或地区的城市，在不同的时期针对臭氧污染防治使用过不同类型的措施，包括针对机动车使用、油品升级、电厂 NO_x 排放控制、VOCs 排放控制、溶剂使用等措施。由于臭氧污染是一个区域性的问题，从效果上看，区域中某一个城市的防治措施针对臭氧浓度的峰值有一定降低作用，从区域的角度看每个城市的防治措施产生的边际效应，会降低区域的臭氧浓度。因此，判断一个城市臭氧污染防治的成效，不仅要看其自身臭氧浓度的变化情况，也要综合看待其对区域臭氧浓度的影响。

书号：
978-7-5111-3247-5
定价：23 元

书号：
978-7-5111-3169-0
定价：23 元

书号：
978-7-5111-2067-0
定价：18 元

书号：
978-7-5111-3798-2
定价：22 元

书号：
978-7-5111-3246-8
定价：22 元

书号：
978-7-5111-3209-3
定价：28 元

书号：
978-7-5111-3555-1
定价：23 元

书号：
978-7-5111-3369-4
定价：22 元

书号：
978-7-5111-1624-6
定价：23 元

书号：
978-7-5111-0966-8
定价：26 元

书号：
978-7-5111-3138-6
定价：24 元

书号：
978-7-5111-2370-1
定价：20 元

书号：
978-7-5111-2102-8
定价：20 元

书号：
978-7-5111-2637-5
定价：18 元

书号：
978-7-5111-2369-5
定价：25 元

书号：
978-7-5111-2642-9
定价：22 元

书号：
978-7-5111-2371-8
定价：24 元

书号：
978-7-5111-2857-7
定价：22 元

书号：
978-7-5111-2871-3
定价：24 元

书号：
978-7-5111-2725-9
定价：24 元

书号：
978-7-5111-2972-7
定价：23 元

书号：
978-7-5111-0702-2
定价：15 元

书号：
978-7-5111-1357-3
定价：20 元

书号：
978-7-5111-2973-4
定价：26 元

书号：
978-7-5111-2971-0
定价：30 元

书号：
978-7-5111-2970-3
定价：23 元

书号：
978-7-5111-3105-8
定价：20 元

书号：
978-7-5111-3210-9
定价：23 元

书号：
978-7-5111-3416-5
定价：22 元

书号：
978-7-5111-3139-3
定价：23 元

书号：
978-7-5111-3725-8
定价：32 元